HAIRCUTS & SHAVES

MEN'S HAIR

BARBERSHOP

맨즈 헤어

구민사

맨즈 헤어

김원중

- 한샘 이용원 대표
- 대한민국 이용 기능장
- 서경대학교 예술교육원 외래교수
- 정화예술대학교 외래교수
- 우석대학교 미용경영학 석사

신태민

- 할리바버샵
- 아세아헤어월드 금상
- 소상공인최고기능인 선정
- 대한민국정부공인 이용장
- (사)대한민국이용장회 기술강사
- 백년가게 선정[대한민국이용 부분 최초]
- 소상공인 진흥공단 경영컨설팅전문위원

황춘희

- 나나랜드헤어 대표
- 대한민국 이·미용기능장
- 서경대학교 미용예술학 박사
- 서경대학교 예술교육원 외래교수
- 한국미용예술경영학회 상임이사(평생)
- 2023 OMC Hair world 세계 3위 국가대표
- 2021 KBS2TV 생생정보 [단점커버미용사] 출연
- 2021 MBN 특집다큐 [탈모펌미용사] 출연

이명자

- 대한민국 이·미용장
- 직업능력훈련교사 미용서비스 1급
- 북경 작품하나 헤어샵(중국) 대표
- (사)대한민국이용장회 기술강사
- 오늘헤어 원장

강문희

- 로이드밤 산곡역점 대표
- 디아르떼휴이엠 송현점 대표
- 대한민국 이·미용기능장

MEN'S HAIR

초판인쇄 | 2024년 4월 1일
초판발행 | 2024년 4월 10일

저자 | 김원중 신태민 황춘희 이명자 강문희
발행인 | 조규백
발행처 | 도서출판 구민사

전화 | (02) 701-7421
팩스 | (02) 3273-9642
홈페이지 | www.kuhminsa.co.kr

신고번호 | 제2012-000055호(1980년 2월 4일)
ISBN | 979-11-6875-373-0(93590)

정가 | 35,000원

머리말

현대사회는 경제적으로 풍성해지고 개성이 급속도로 변화하고 있으며, 헤어스타일과 수염 스타일은 날로 발전하고 있습니다. 특히 헤어의 트렌드는 개인의 개성을 충족시키고 있습니다.

현재 Hair barber(헤어 바버)가 빠르게 늘어나는 현실이며 바버 직업군에 관심을 가지고 있는 견습생(Assistant Barber), 초급이용사(Junior Barber), 중급이용사(Senior Barber), 상급이용사(Professional Barber), 전문이용사(Expert Barber), 경영관리이용사(Master Barber) 등 베이비 바버부터 마스터 바버까지 바버를 배우고 싶은 분들의 교육용으로 활용하고 바버전문지도자 분들의 기술을 알려드리고자 이 책을 출간하게 되었습니다.

2022년 기준으로 서울 이용업 숫자는 2,534개이며, 바버샵은 276개입니다. 비율로는 10.9%에 해당되지만 계속 늘어나는 상황입니다.

바버샵 현장에서 바버들은 헤어디자인 컷, 면도, 블로우 드라이, 아이론 펌, 샴푸, 스크래치, 수염 다듬기, 수염 디자인, 수염 조각, 눈썹 다듬기, 가발 등 이용업 업무를 행하는 사람을 말합니다. 이 책에서는 다섯 명의 이용장 및 교수님들의 다양한 현장 커트 기법 및 도면을 통해서 자세하게 설명을 하였습니다.

특히 저자들의 풍부한 실전 경험과 강의 기법을 통해 누구나 편하게 책을 보면 쉽게 따라서 연구하고 실습할 수 있게 구성하였습니다.

이 책을 통해 바버샵 분야에 신선한 학습 자료가 되기길 바라며 실기 및 촬영에 혼신의 정성을 다해준 기능장님 및 교수님께 감사의 말씀을 전합니다. 마지막으로 이 책이 출판에 이르기까지 수고해 주신 도서출판 구민사 조규백 대표님과 임직원 여러분께 감사드립니다.

저자 일동

목차

CONTENTS

CHAPTER 7 바버 로우 컷

CHAPTER 8 투블럭 컷

CHAPTER 9 모히칸 블로우 드라이

CHAPTER 10 남성 수염

CHAPTER 11 작품사진

CHAPTER 1

BARBER THEORY

바버 이론

1 커트의 기본 절차

커트는 다음과 같은 절차로 진행한다.

1. Blocking (블로킹)
2. Head position (두상위치)
3. Parting and Section (파팅과 섹션)
4. Distribution (분배)
5. Protection (시술각)
6. Finger position (손가락 위치)
7. Design line (디자인 라인)

1) 두상 포인트

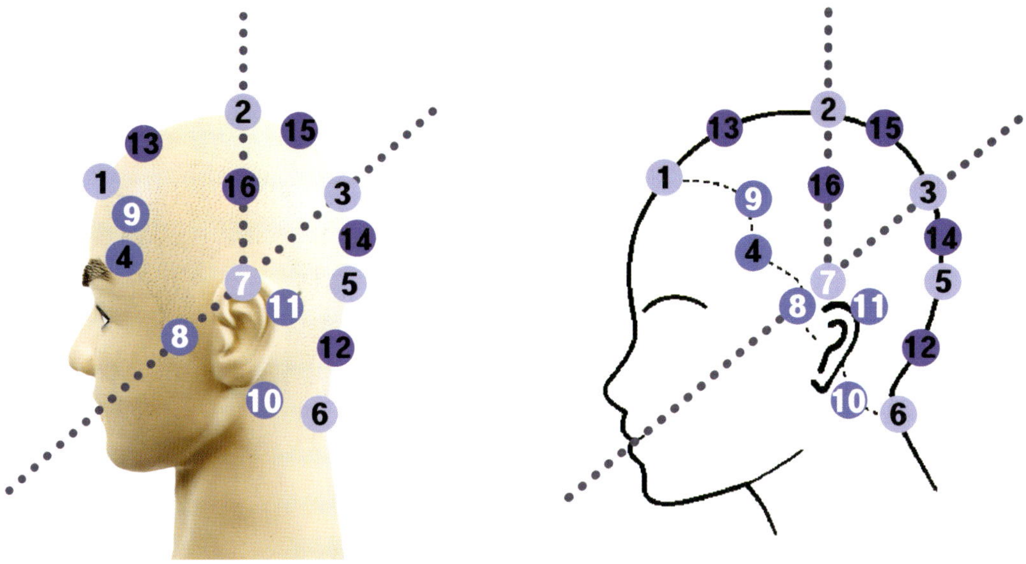

번 호	기 호	명 칭
1	C.P	Center Point(센터 포인트)
2	T.P	Top Point(탑 포인트)
3	G.P	Golden Point(골덴 포인트)
4	S.P	Side Point(사이드 포인트)
5	B.P	Back Point(백 포인트)
6	N.P	Nape Point(네이프 포인트)
7	E.P	Ear Point(이어 포인트)
8	S.C.P	Side Corner Point(사이드 코너 포인트)
9	F.S.P	Front Side Point(프런트 사이드 포인트)
10	N.S.P	Nape Side Point(네이프 사이드 포인트)
11	E.B.P	Ear Back Point(이어 백 포인트)
12	B.N.M.P	Back Nape Medium Point(백 네이프 미디엄 포인트)
13	C.T.M.P	Center Top Medium Point(센터 탑 미디엄 포인트)
14	G.B.M.P	Golden Back Medium Point(골덴 백 미디엄 포인트)
15	T.G.M.P	Top Golden Medium Point(탑 골든 미디엄 포인트)
16	E.T.M.P	Ear Top Medium Point(이어 탑 미디엄 포인트)

2) 두상의 분할 및 파트

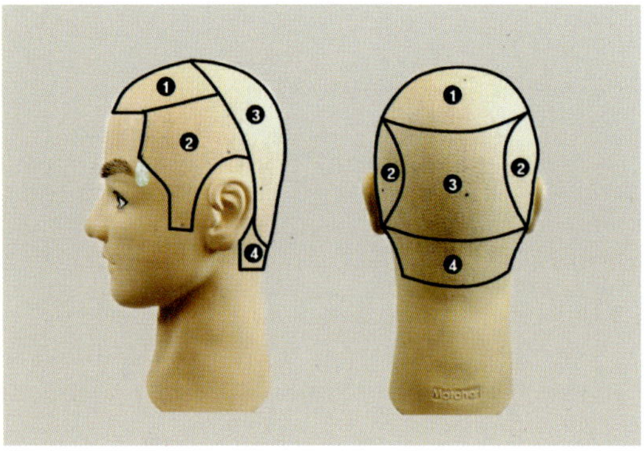	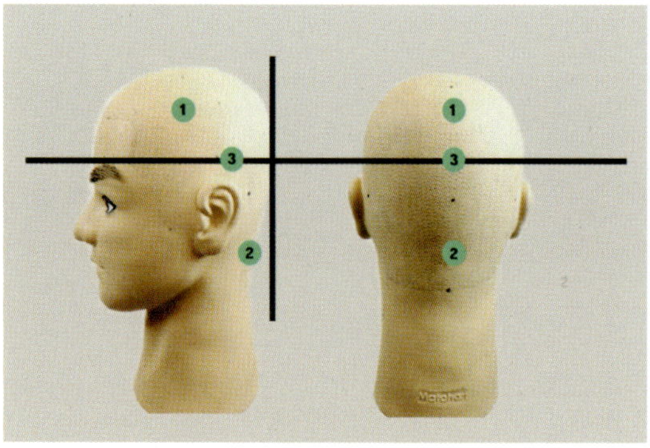
부위별 명칭 **1. 전두부 2. 측두부 3. 두정부 4. 후두부**	**분할 용어** **1. 인테리어 2. 익스테리어 3. 크레스트**

(1) 두상의 분할

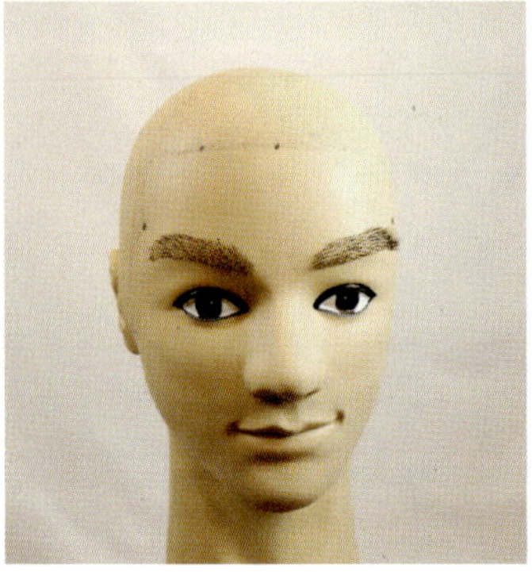	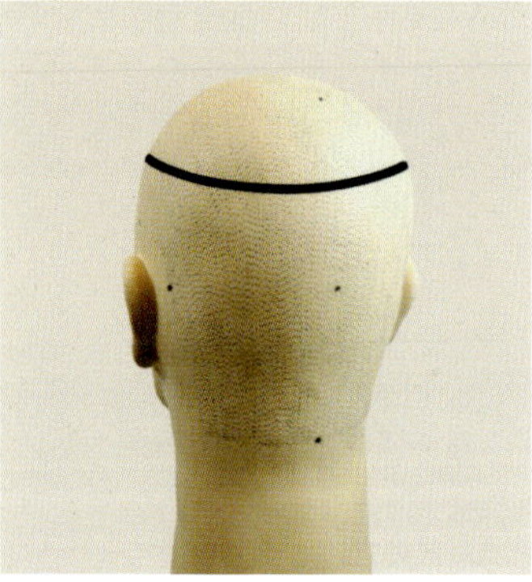	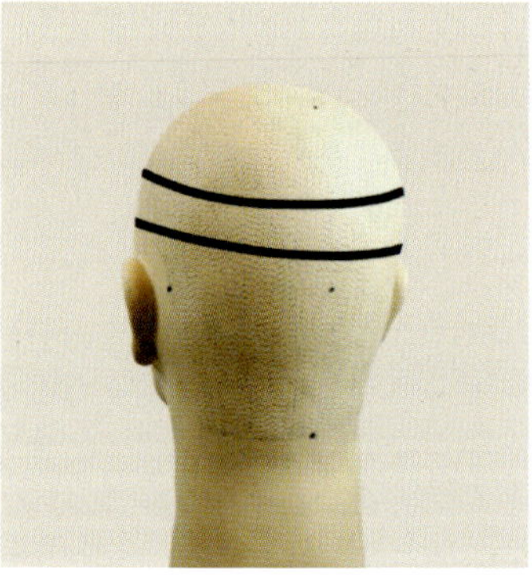

자연분할: 빗질 후 자연스럽게 갈라지는 분할

2등분: F.S.P(프런트 사이드 포인트) 기준으로 Golden Back Medium Point(골덴 백 미디엄 포인트)까지 2등분한다.

3등분: Side Point(사이드 포인트) 기준으로 Golden Back Medium(골덴 백 미디엄 포인트) 3등분 등 디자인에 따라 다양한 분할이 있다.

(2) 두상의 시술각

커트 시술 시 두상에서 들어서 시술하는 각도이다.

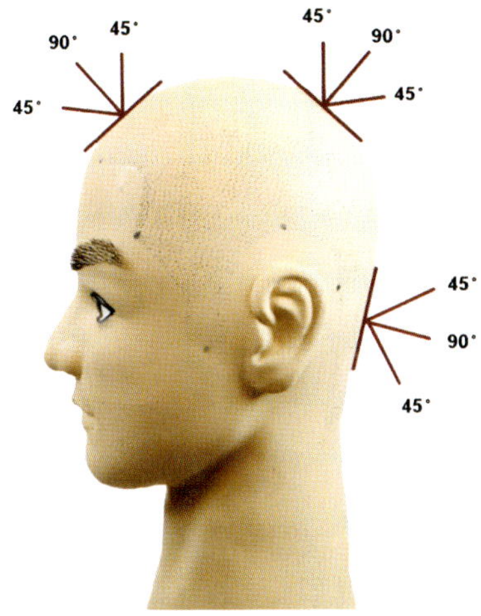	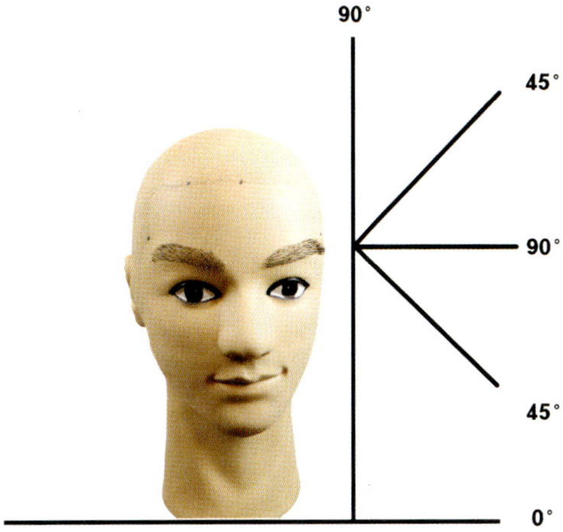
일반 시술각 **두상곡면에서 이루어지는 디자인 시술각도이다.**	**자연 시술각** **천체축에 의해 자연스럽게 떨어지는 시술각도이다.**

3) 분배

분배에는 직각분배, 자연분배, 변이분배, 방향분배 등이 있다.

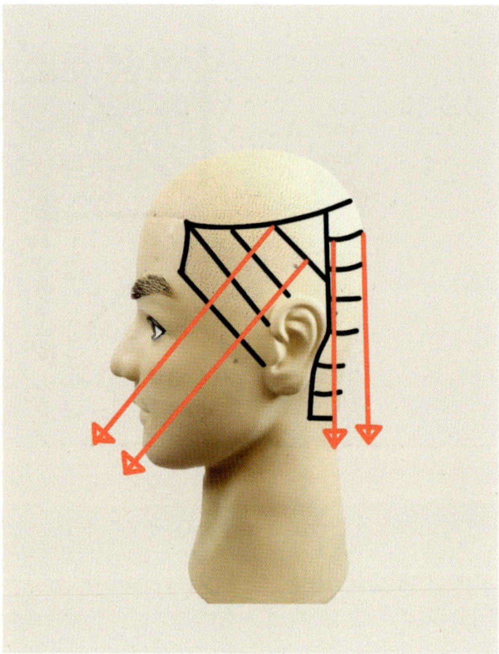

직각분배
두상에서 빗질해서 들었을 때 두피와 모발이 직각분배

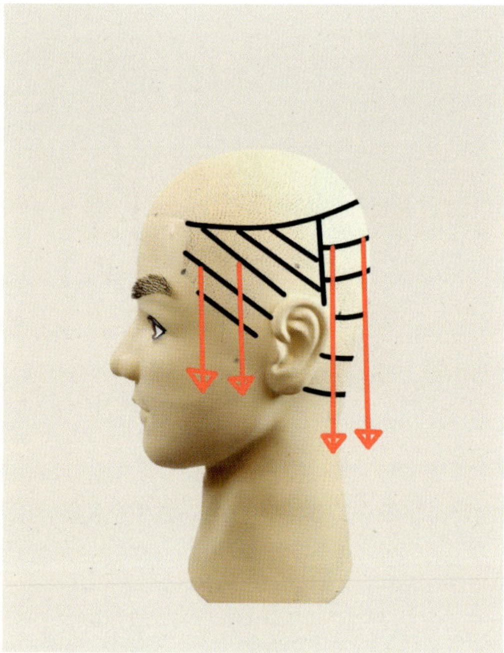

자연분배
천체축의 떨어짐에 의해 중력으로 떨어지는 자연분배

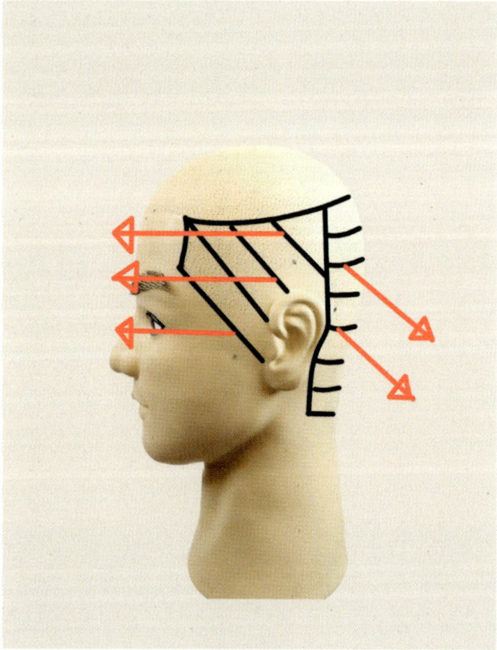

변이분배
직각 방향과 자연의 방향 외의 다른 모든 방향분배

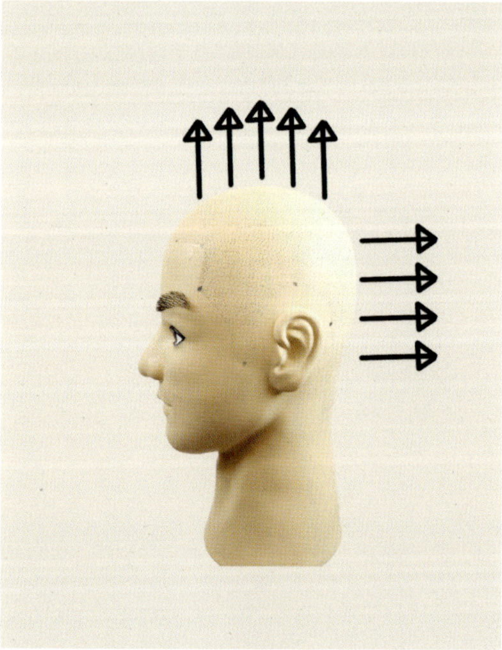

방향분배
정확한 방향에 따라 사이드 베이스처럼
한쪽 흐름으로 분배

4) Project(시술각)

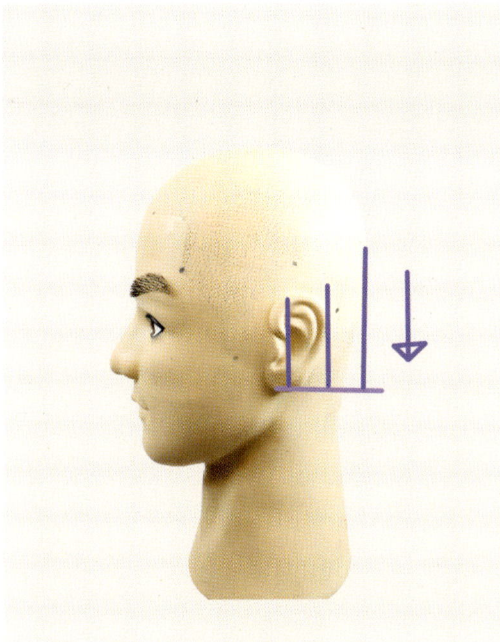	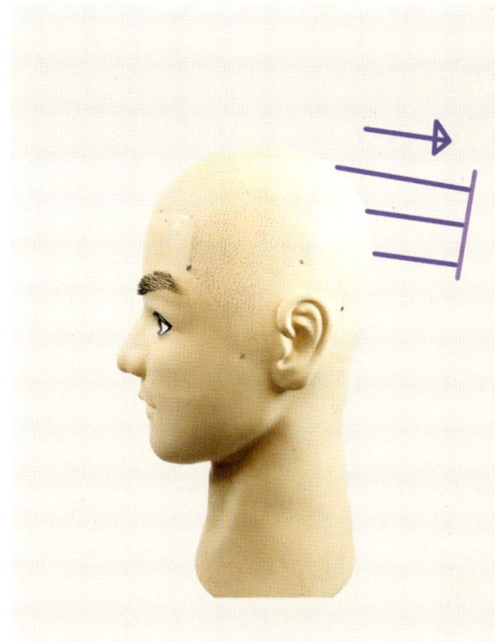
자연 시술각 0˚이다.	**높은 시술각** 약 60~89˚이다.
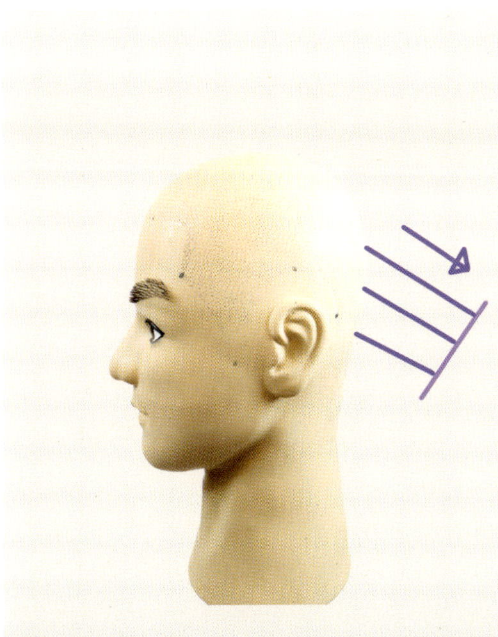	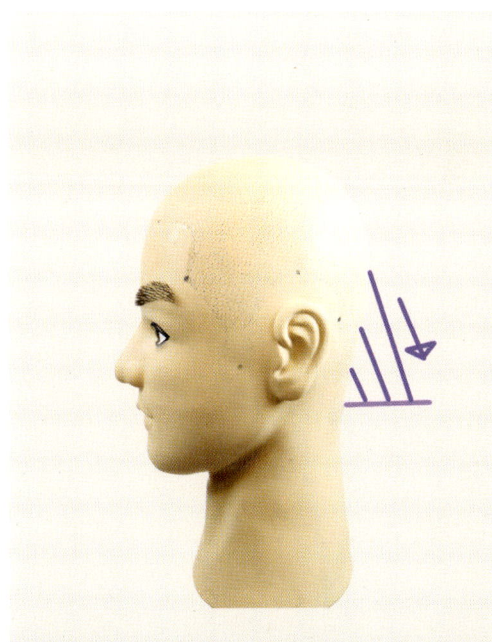
중간 시술각 약 30~59˚이다.	**낮은 시술각** 약 1~30˚ 이하이다.

5) Part(파트)

파트는 모발을 분배하고 디자인을 하기 위해 작은 부분으로 나누는 섹션을 말한다.

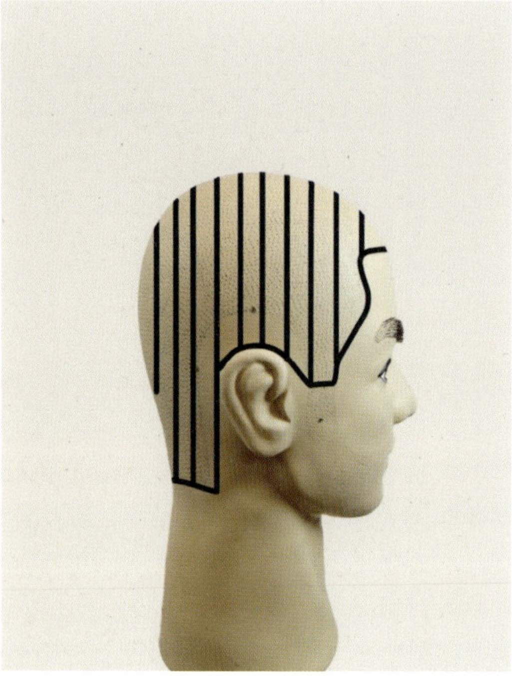

수직선(옆)

수직선(뒤)

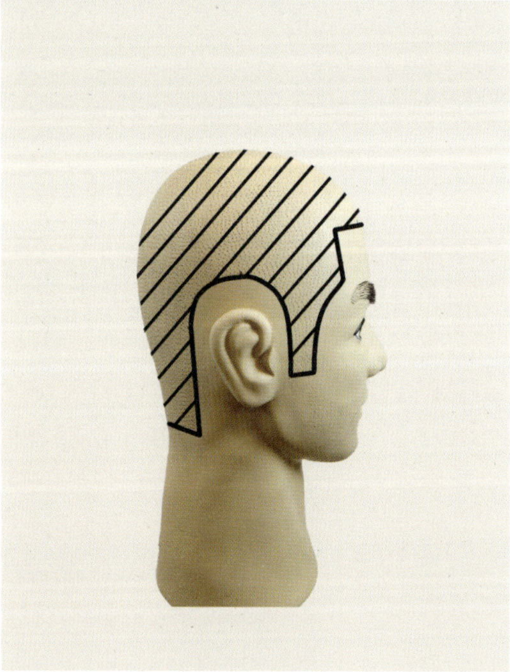

후대각(옆)

후대각(뒤)

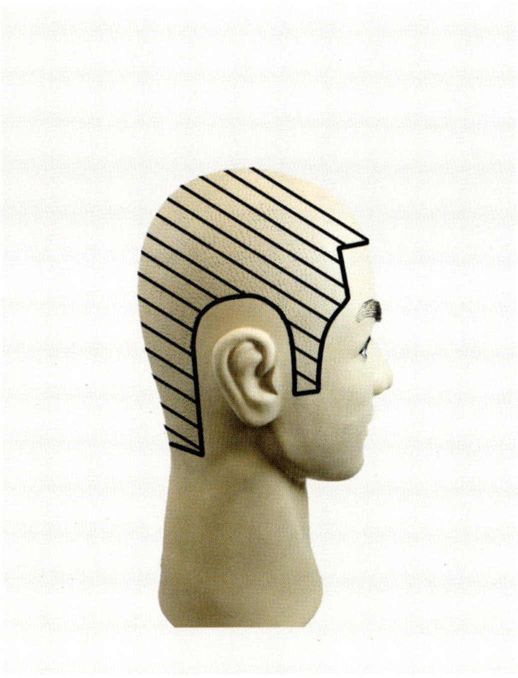

전대각(옆)

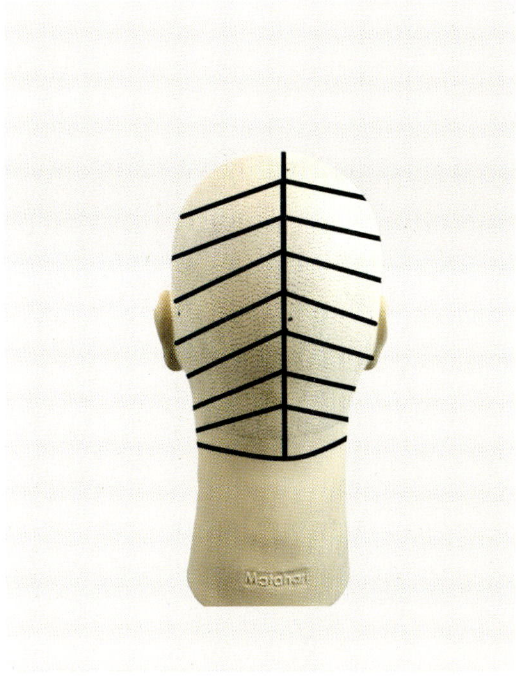

전대각(뒤)

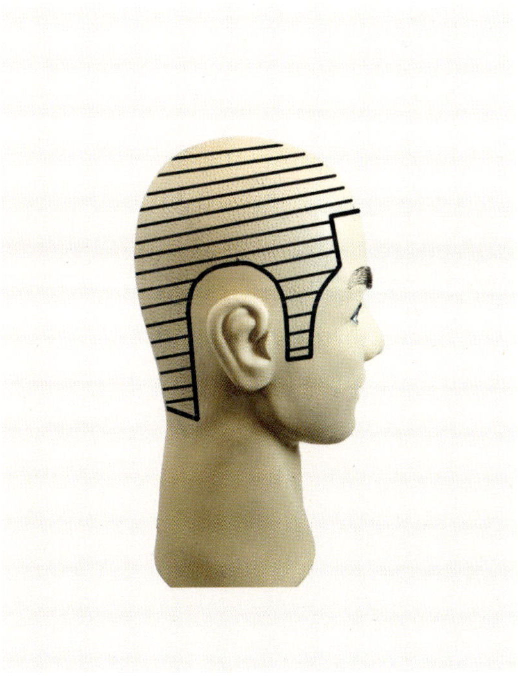

수평선(옆)

수평선(뒤)

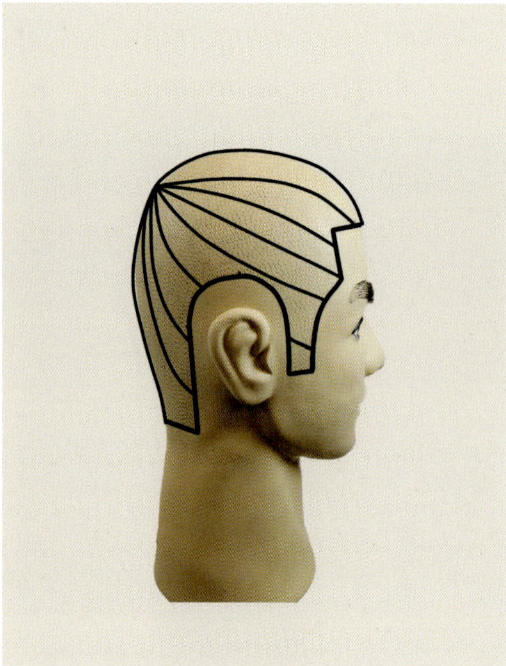

방사선(옆)

방사선(뒤)

2 Design Line(디자인 라인)

① Mobile Design Line(이동 디자인 라인): 결정한 가이드 라인의 길이가 이동하여 다음에 커트할 때 가이드로 사용한다. Uniform layer(유니폼 레이어), Increase layer(인크리스 레이어), Gradation(그라데이션) 등을 사용한다.

② Stationary Design Line(고정 디자인 라인): 처음 결정한 가이드로, 라인을 한곳으로 모아서 커트하는 것이다. 디자인 라인이 이동하지 않으며 가이드에서 떨어질수록 길이는 길어진다. Solid(솔리드), Square layer(스퀘어 레이어) 커트에 사용된다.

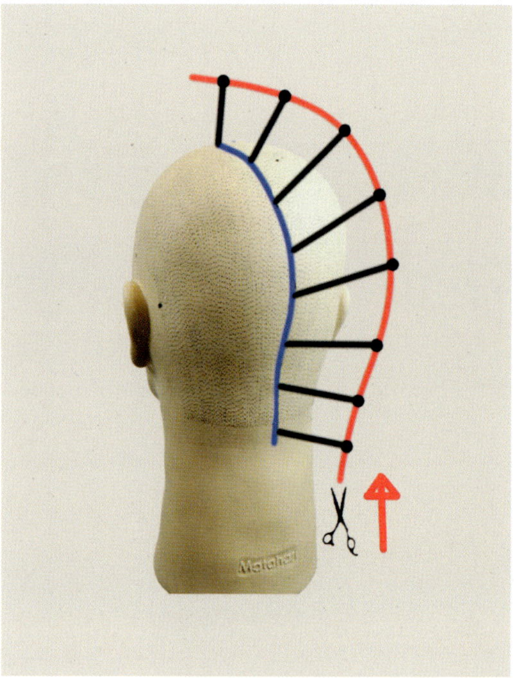

이동 디자인

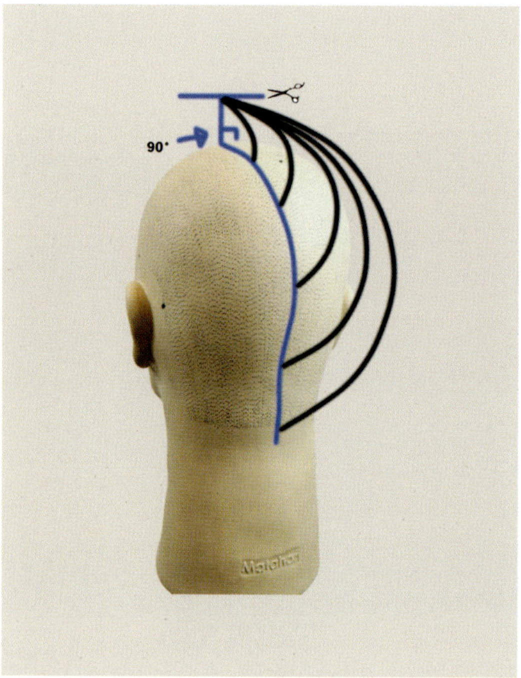

고정 디자인

1) Base(베이스)

① Side base(사이드 베이스): 모발의 길이가 길어지거나 짧아지게 하기 위해 베이스 폭의 가장자리에 시술한다.

② Free base(프리 베이스): 모발의 길이가 길어지거나 짧아지면서 자연스럽게 On the base(온 더 베이스)와 Side base(사이드 베이스)의 중간의 지점에서 시술한다.

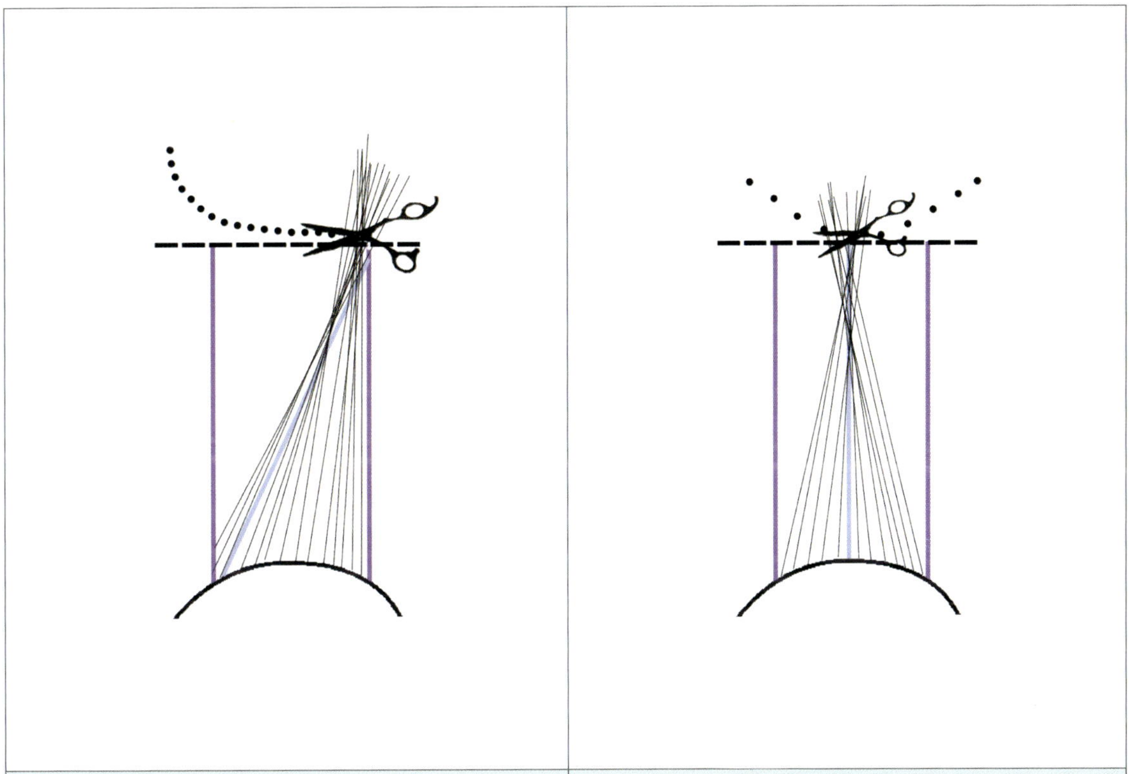

사이드 베이스 / 프리 베이스

③ On the base(온 더 베이스): 두피 모발을 일반 시술각 90˚로 들어서 앞쪽과 뒤쪽의 모발을 가운데로 모아진 상태에서 시술한다.

④ Twist base(트위스트 베이스): 모발의 길이와 장단이 좌우, 위아래 길이의 변화가 필요할 때 커트한다.

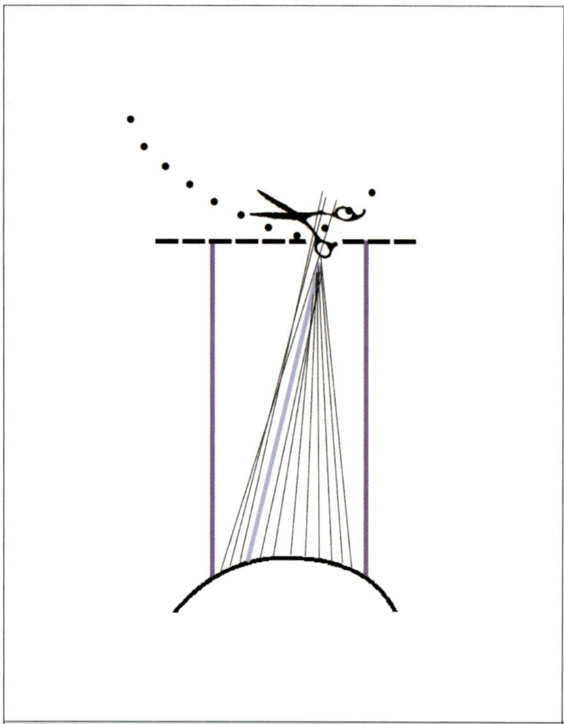

온 더 베이스

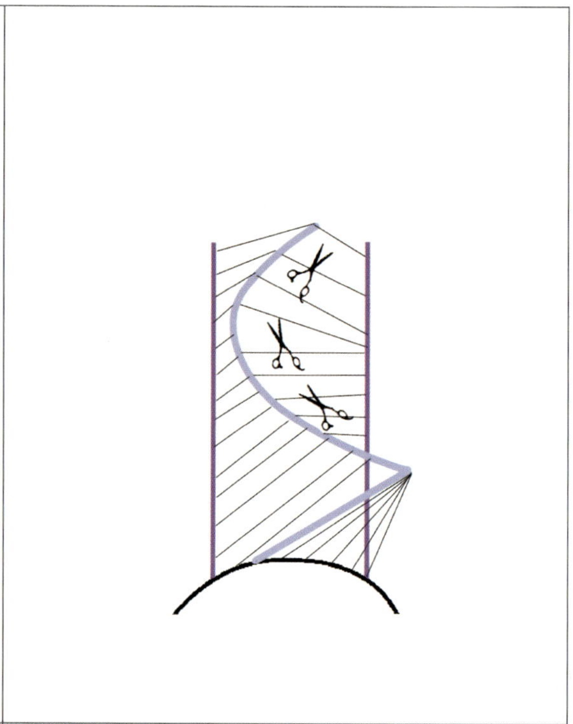

트위스트 베이스

⑤ Off the base(오프 더 베이스): 모발의 길이를 길거나 짧게 커트할 때 각도를 다르게 하여 한쪽 길이의 변화를 원할 때 사용한다.

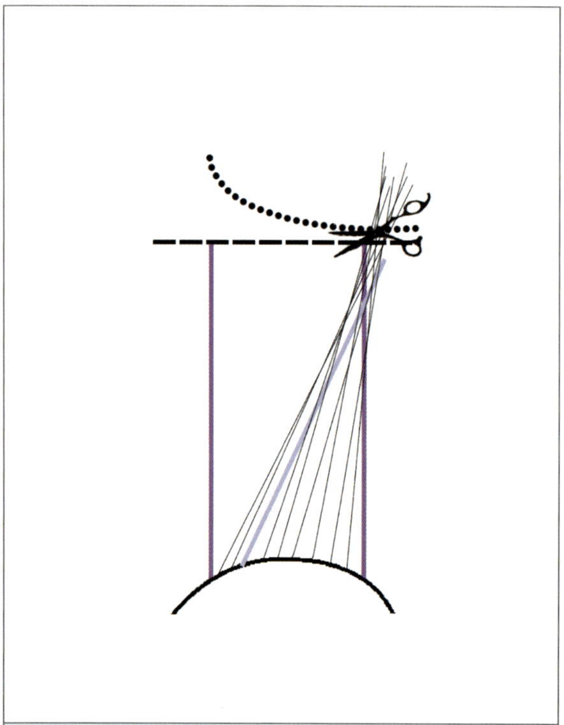

오프 더 베이스

⑥ Scissors taper(가위 테이퍼): 모량을 자연스럽게 감소시키는 틴닝가위 사용법으로, 모량과 질감, 부피를 효과적으로 주는 기법이다.

구 분	모발 테이퍼링
End tapering (앤드 테이퍼링)	모발의 끝 1/3 지점에 테이퍼링하는 것
Normal tapering (노멀 테이퍼링)	모발의 1/2 지점에 테이퍼링하는 것
Deep tapering (딥 테이퍼링)	모발의 안쪽 1/3 지점에 테이퍼링하는 것

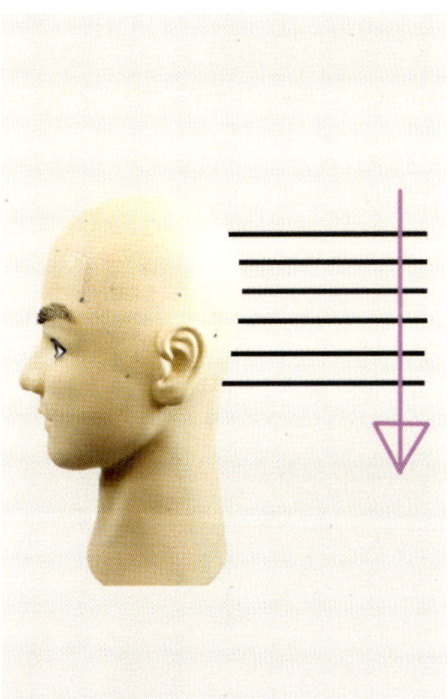

End tapering
(앤드 테이퍼링)

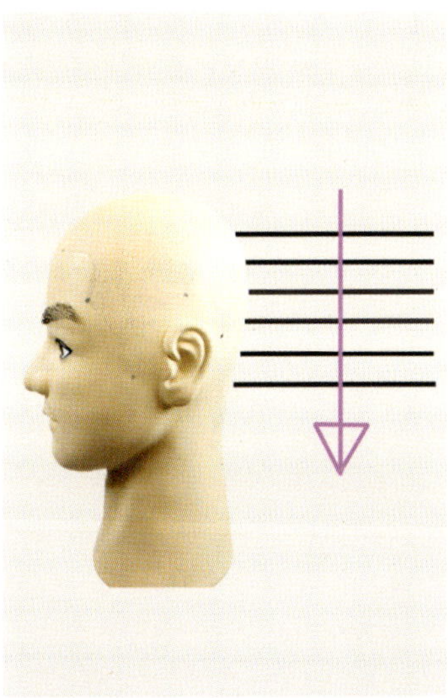

Normal tapering
(노멀 테이퍼링)

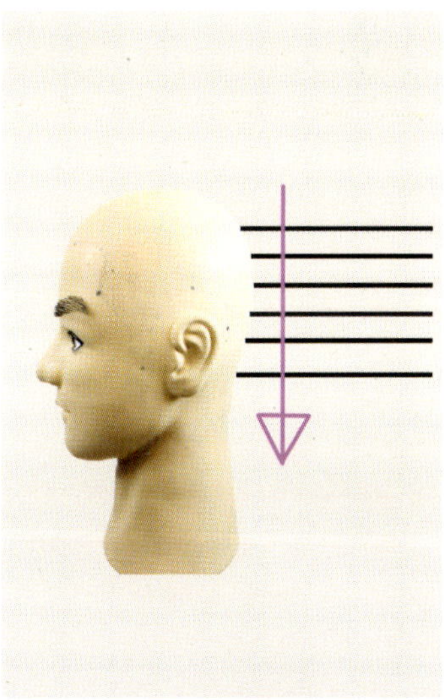

Deep tapering
(딥 테이퍼링)

*** 커트하는 기법**

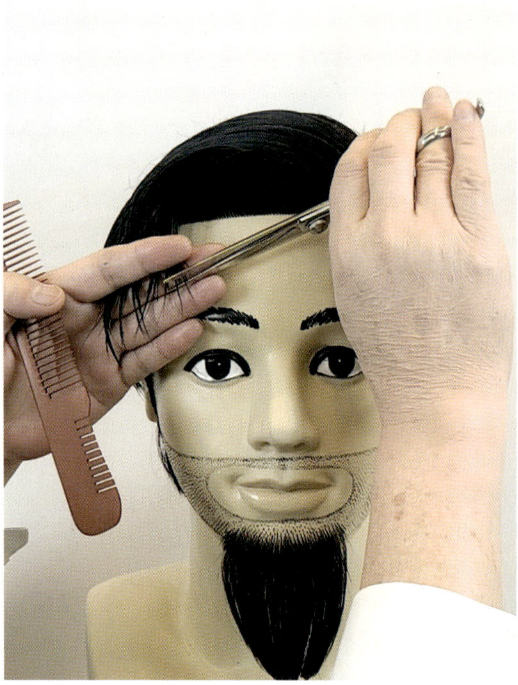

지간 잡기(인 커트)

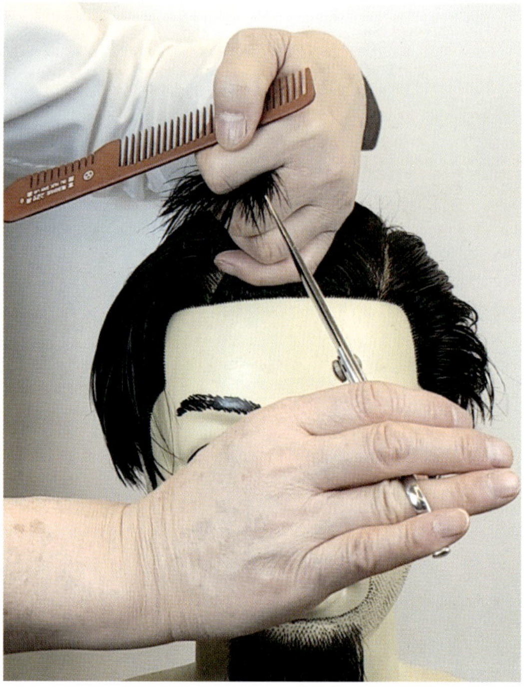

Banding(밴딩) 커트

Point(포인트) 커트

지간 커트(손등방향)

2) Barber(바버) 용어

(1) 투블럭 컷: 투블럭 커트 스타일은 전체적으로 남성미가 느껴지는 커트 스타일이다. 전체적인 머리를 아래와 위 두 파트로 나누어 주고, 아랫머리는 짧게 잘라주고 윗머리는 길게 남겨두어 모발 길이는 장단 길이가 크게 나는 것이 투블럭 커트이다.

(2) 투블럭 펌: 투블럭 펌 스타일은 전체적으로 투블럭 커트를 하고 나서 펌을 해주는 스타일이다. 투블럭 커트를 하고 볼륨 펌을 하면 투블럭 볼륨 펌, 투블럭 커트를 하고 쉐도우 펌을 하면 투블럭 쉐도우 펌이 된다.

(3) 스크래치 컷(Scratch cut): 전체적으로 약 3~15mm 반삭을 하고 스크래치를 넣는 경우는 드물고, 원블럭 컷, 투블럭(더블컷) 한 포인트에만 약 3~9mm를 사용한다.

(4) 원블럭 컷: 원블럭 커트 스타일은 전체적으로 파격적인 남성미를 강조한 헤어 커트 스타일이다. 원블럭 커트는 좌우 한쪽만 짧게 밀어버리거나 양쪽을 짧게 밀어버리고 뒷머리는 밀지 않아서 투블럭 컷과의 차이점을 두는 커트 스타일이다. 한 곳의 포인트만 잡아 그 블럭을 짧게 밀어버리는게 원블럭 커트 스타일이다.

(5) 댄디 컷(Dandy cut): 댄디 컷 스타일은 영국 신사의 모던함을 살려준 헤어 스타일로 앞머리는 일자나 비대칭으로 하고 무거우면서도 가벼운 라인을 만든다. 구렛나루는 살리고 귀 부분은 짧게 커트하고 네이프 부분은 일자가 되게 하고 전체적인 라인은 깔끔한 일자형 스타일이다.

(6) 모히칸 컷(Mohican cut): 모발을 수탉 벼슬처럼 가운데로 좁게 한 줄만 남기고, 나머지는 클리퍼나 면도하는 스타일이다.

(7) 페이스 컷(Pace cut): 앞머리와 옆머리를 연결하는 커트이다.

(8) 가르마 컷: 이마에서 정수리까지의 머리카락을 양쪽으로 갈랐을 때 생기는 선(금)이다.

(9) U라인 컷: 이어백 포인트에서 탑까지 파팅을 나누고 U라인의 기준점이 되는 가이드를 설정한다. 페이

스와 네이프의 가이드를 연결하고 겹치는 부분의 코너를 45°로 당겨 정리해주는 커트이다.

(10) 브릭 컷: 탑쪽이나 페이스 라인은 모근에서 많이 띄워주어 모발이 서지 않도록 잘라주는 커트이다.

(11) 텍스쳐 라이징 브릭 컷: 벽돌을 쌓는 것과 같이 간격을 띄워서 가위로 찝어 주는 테크닉으로 질감 처리해 주는 커트이다.

(12) 리젠트 컷: 전체 라인은 짧게 하고 탑과 앞머리는 길게 해서 반 올백으로 올려주는 스타일이다. 스마트 커트와 비슷한 느낌의 스타일이지만 옆머리와 뒷머리를 짧게 해주어야 된다는 것이 스마트 커트의 차이점이다.

(13) 스마트 컷: 전체적으로 앞머리는 반 올백이 쉬운 약 8~10cm 정도로 정리한다. 윗머리는 약 10cm 정도로 커트하고 구렛나루와 뒷머리는 귀 라인을 짧게 하는 스타일이다.

(14) 퐁파두르 스타일(Pompadour style): 모발 전체를 앞에서 뒤로 넘기는 볼륨감 있는 스타일이다.

(15) 하이 페이드 스타일(High fade style): 페이드 라인을 높게 잡은 스타일이다.

(16) 미들 페이드 스타일(Middle fade style): 페이드 라인을 중간으로 잡은 스타일이다.

(17) 로우 페이드 스타일(Low fade style): 페이드 라인을 낮게 잡은 스타일이다.

(18) 클래식 스타일(Classic style): 클래식한 남성의 고전적이고 세련된 느낌을 주는 상징적인 헤어 스타일이다.

(19) 모던헤어 스타일(Modern hair style): 전체적인 형태를 짧게 표현해 젊은 느낌을 강조하는 헤어 스타일이다.

(20) 포마드 스타일(Pomade style): 광택제품으로 모발에 방향을 주어 연출하는 남성 스타일이다.

3) 클리퍼 그립 방법 1

(1) 커트 시: 엄지는 아래 앞쪽 검지와 중지는 위쪽 약지와 소지는 아래쪽에 받쳐준다.

(2) 잡는 법: 엄지는 앞쪽에 나머지 네 손가락으로 자연스럽게 잡는다.

(3) 방향: 자유롭게 사용할 수 있다.

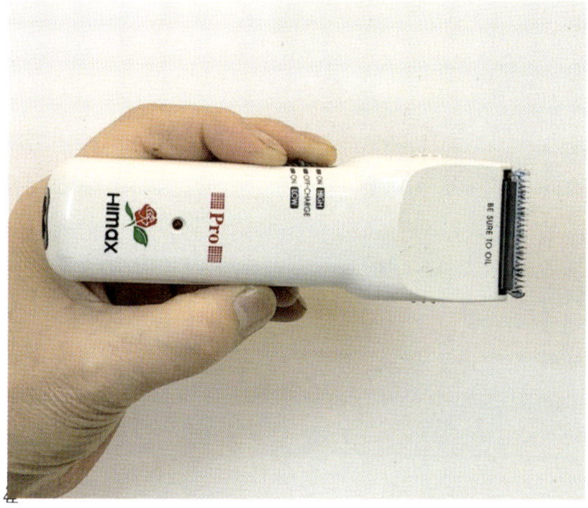

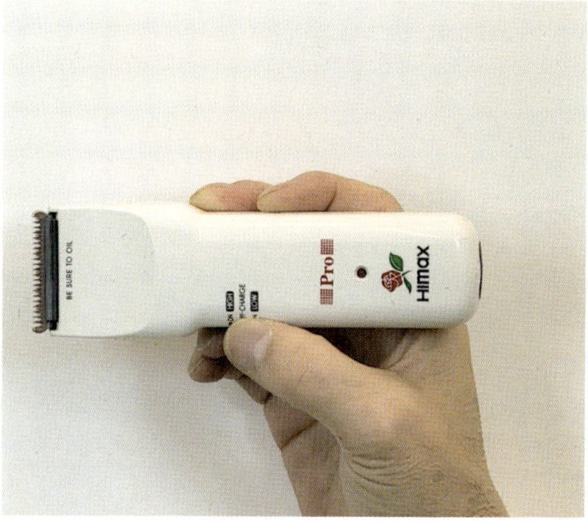

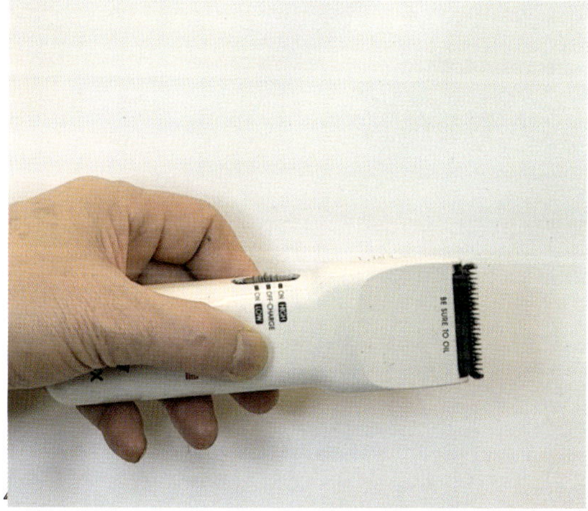

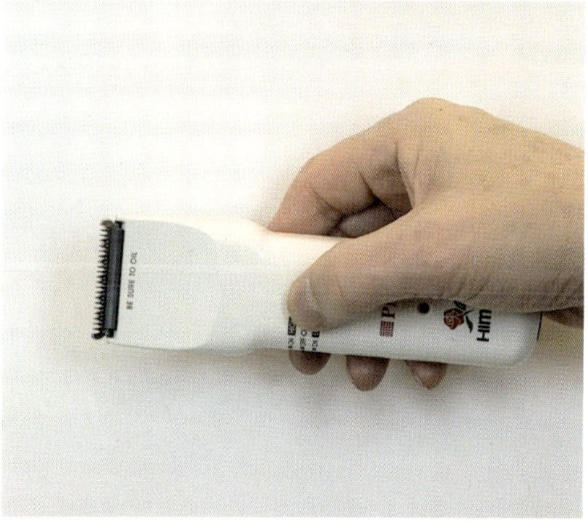

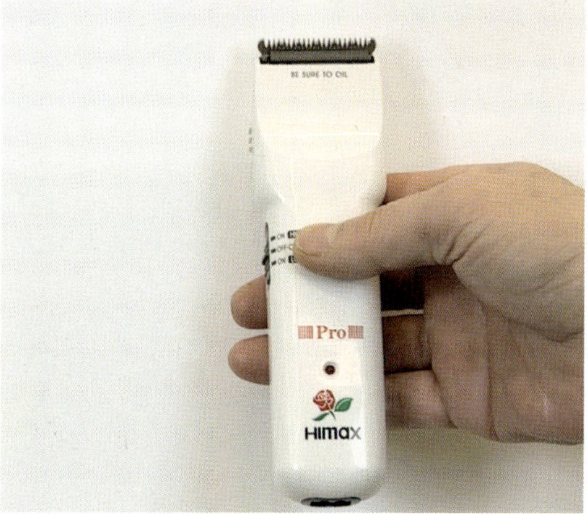

4) 클리퍼 그립 방법 2

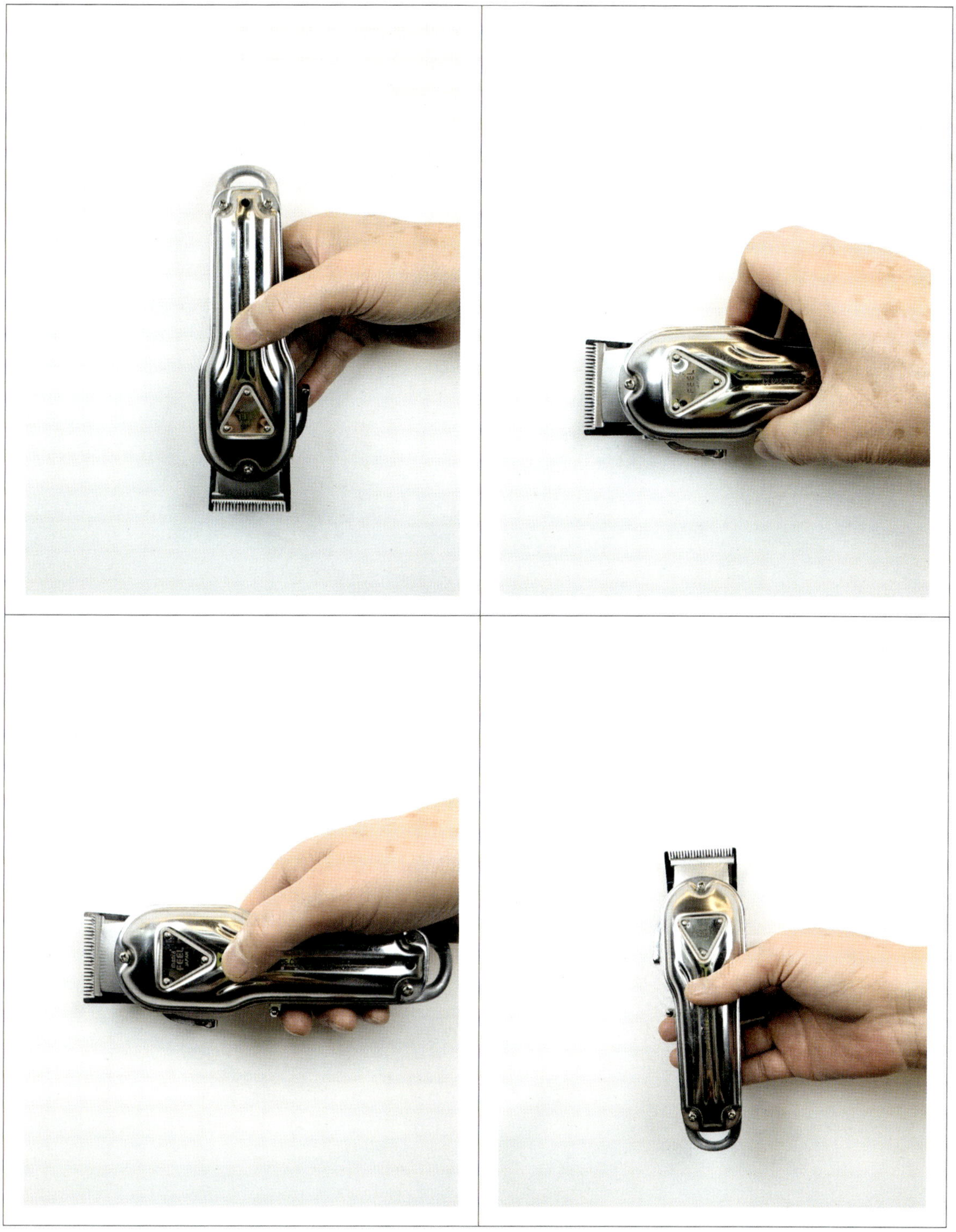

5) 가위 명칭

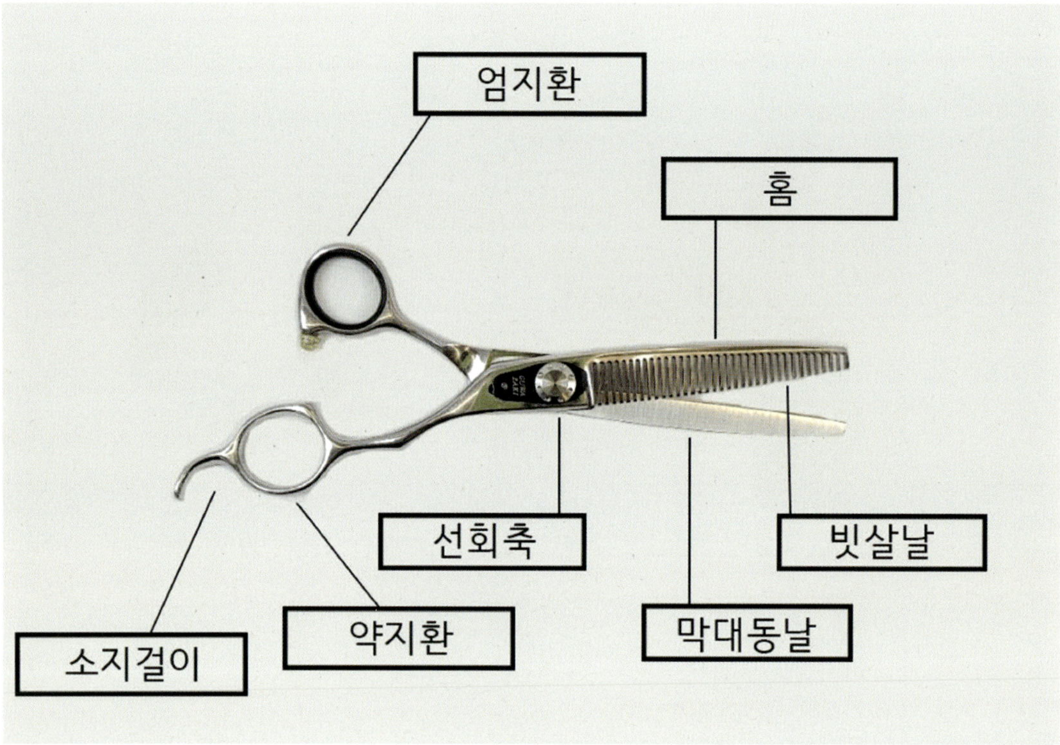

틴닝 가위

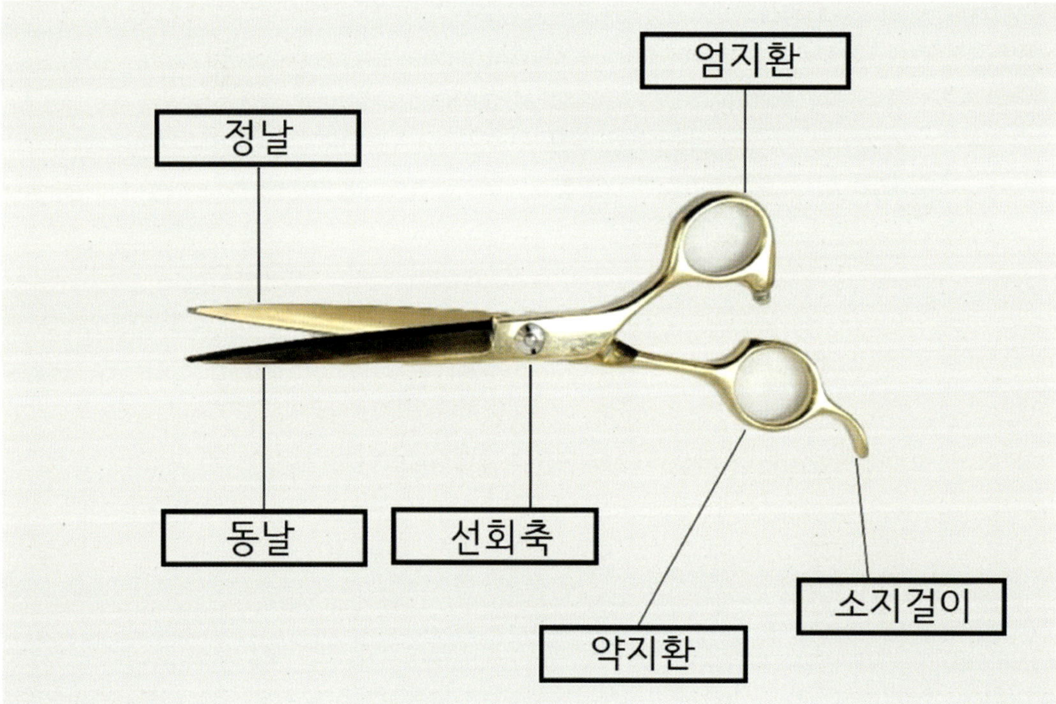

가위

(1) (가위) 빗 잡는 방법

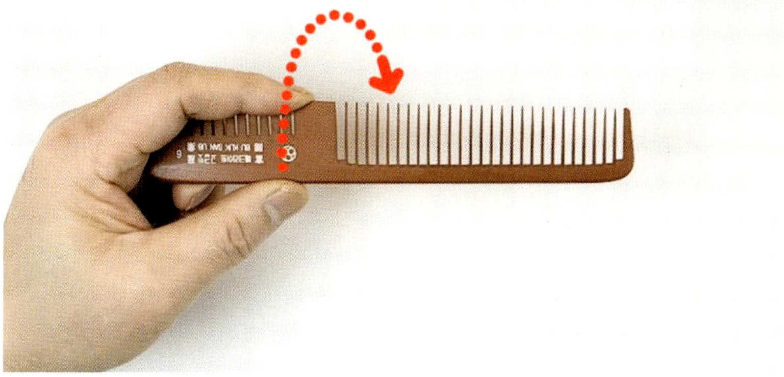

빗 회전 방법

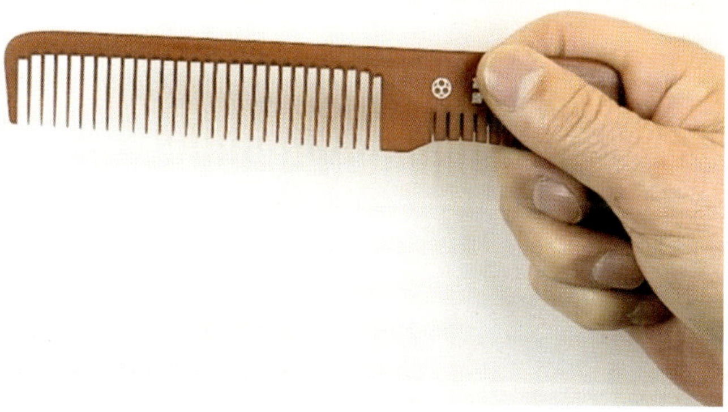

모아잡기

(2) (클리퍼) 빗 잡는 방법

세로 빗 잡는 법

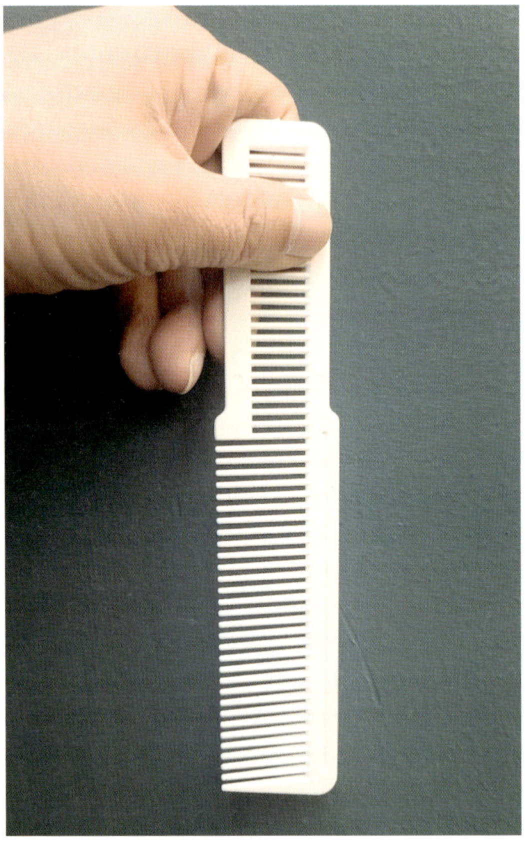

세로 빗 잡는 법

수평 빗 잡는 법

6) 도구 명칭

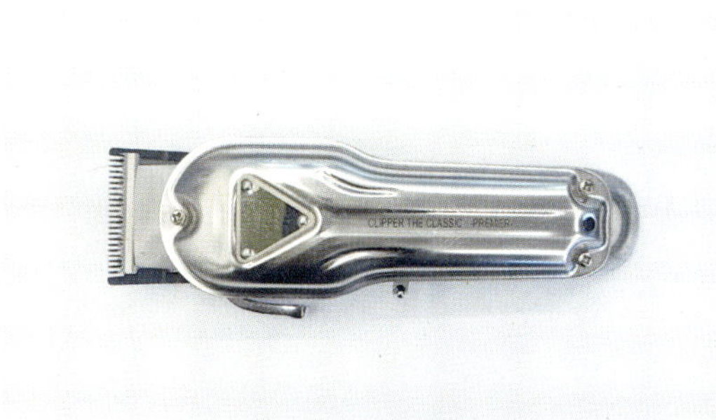	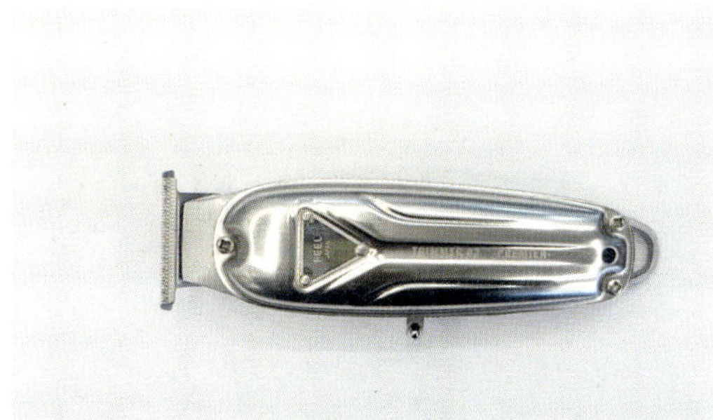
0~5mm 조정 클리퍼	0mm 라인, 수염 스크래치용 티클리퍼
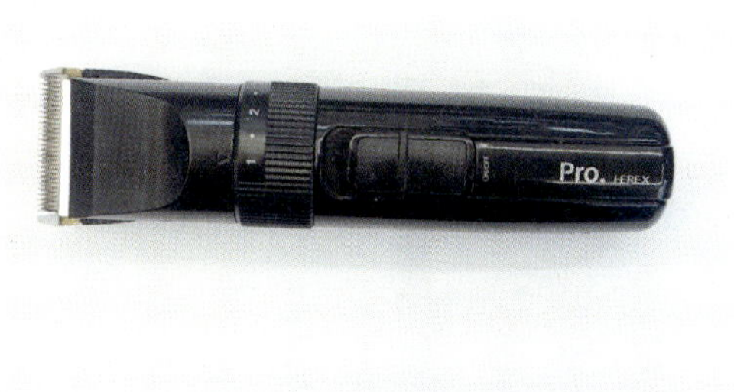	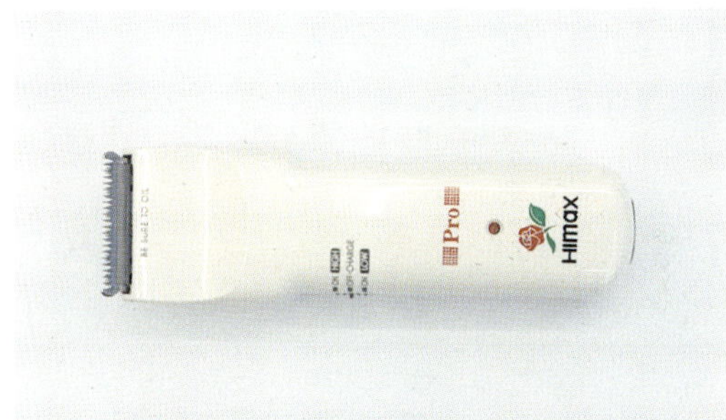
1~3mm 조정가능 클리퍼	1mm 커트가능 일반 클리퍼

0mm 전기 면도기	0mm 전용 전기면도기
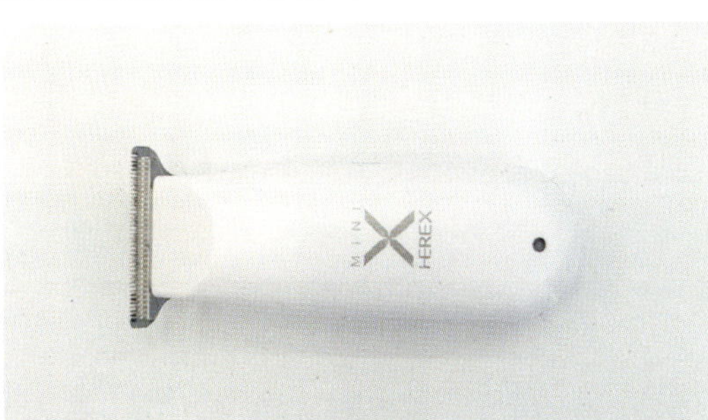	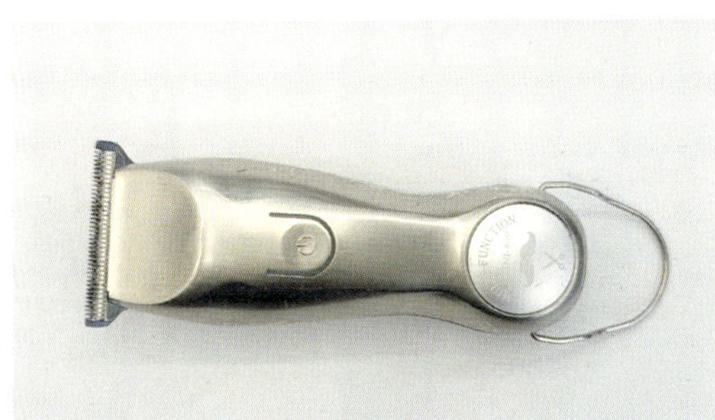
헤어 스크래치용 미니 클리퍼	헤어 스크래치, 문양, 도형 미니 클리퍼

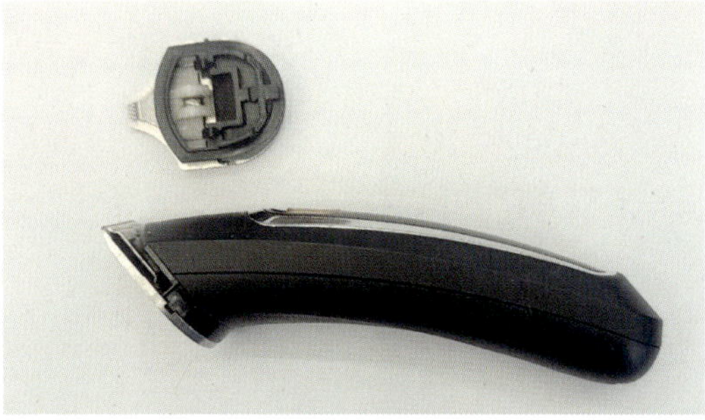

헤어 스크래치, 라인, 문양,
곡선 전문 클리퍼

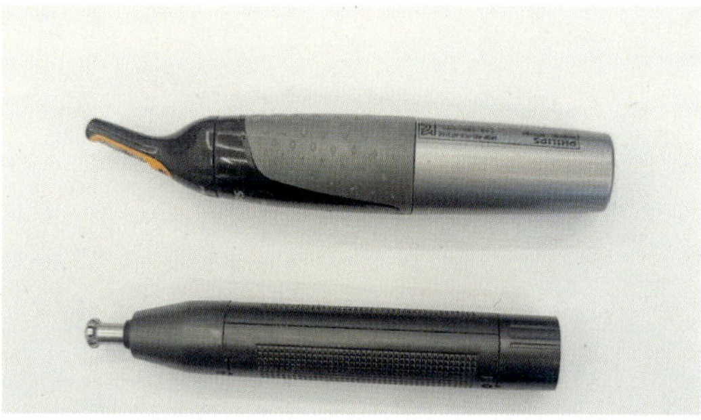

콧속, 귓속, 좁은 부분용
전동 클리퍼(레이저)

(1.5mm),(3mm),(6mm),(9mm)
(12mm)클리퍼 가드[텝]

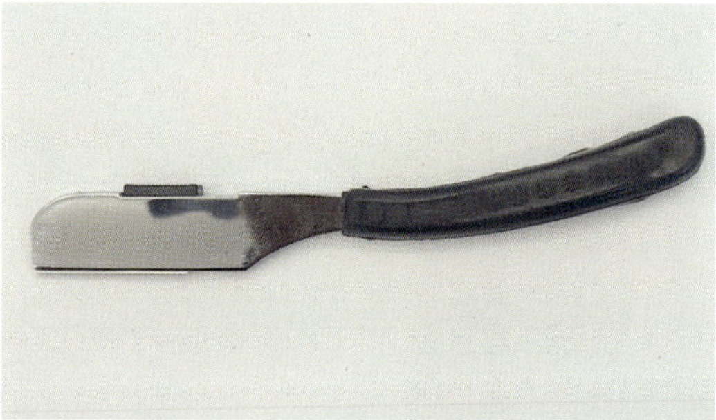

일도 면도칼

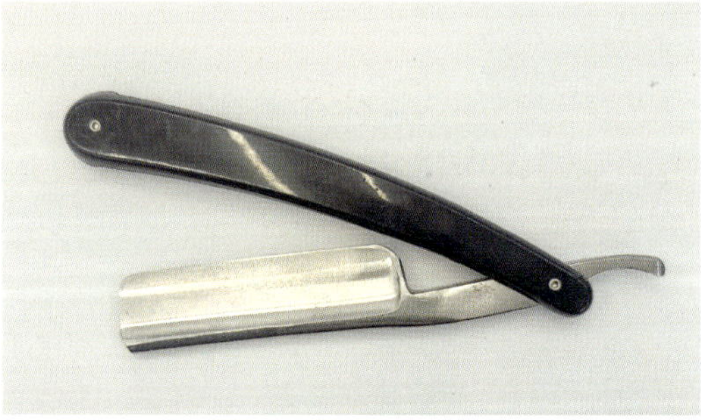

접이식 일도칼

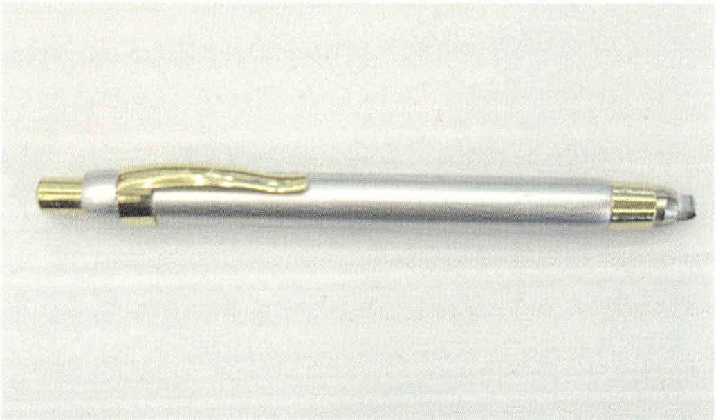

라인, 곡선, 문양용 펜도

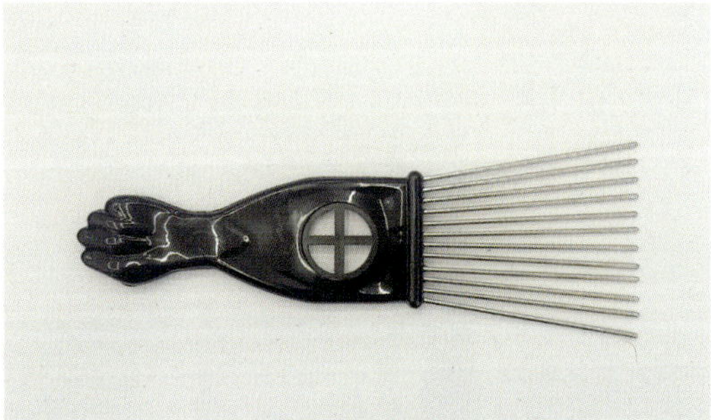

포크 콤(소)

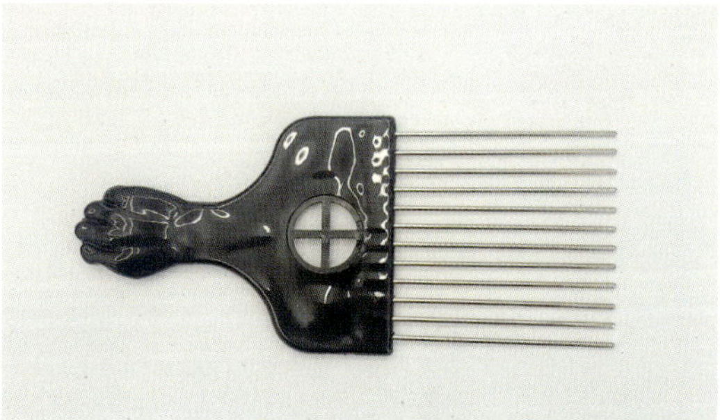

포크 콤(대)

페이드 브러쉬

섹션 벨크로

셋팅 골전용 콤(1)

셋팅 골전용 콤(2)

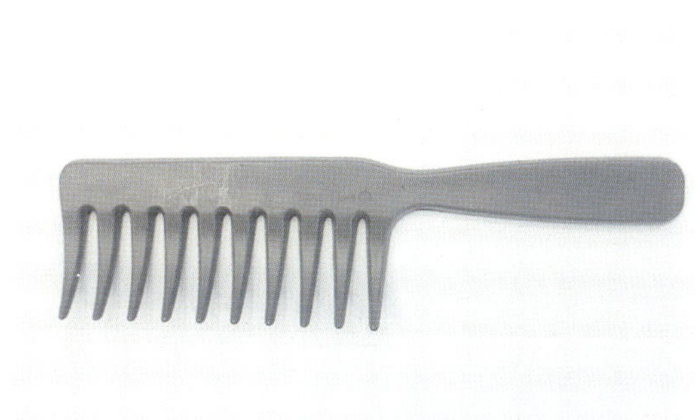

셋팅 골전용 콤(3)

셋팅 골전용 콤(4)

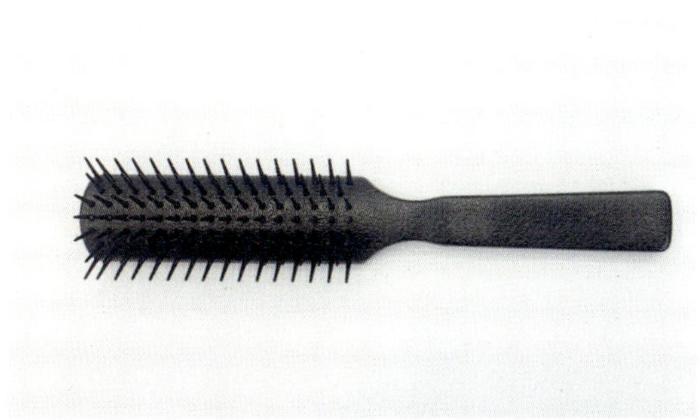

덴맨 브러쉬

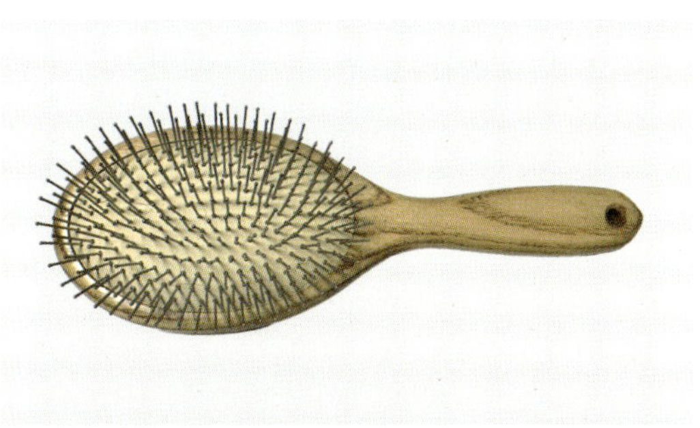

두피 브러쉬

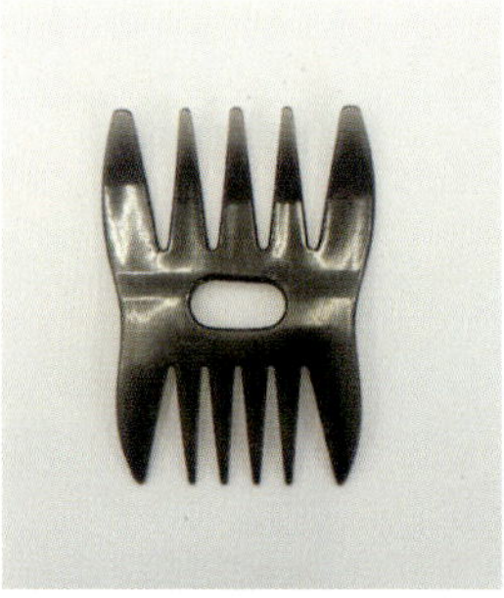	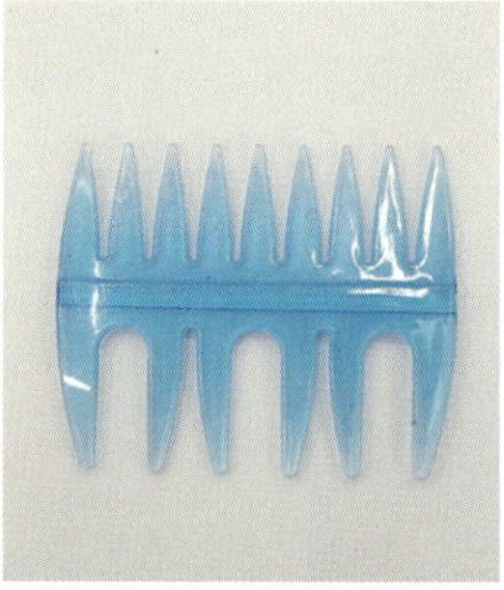
골 전용 콤	골 전용 콤
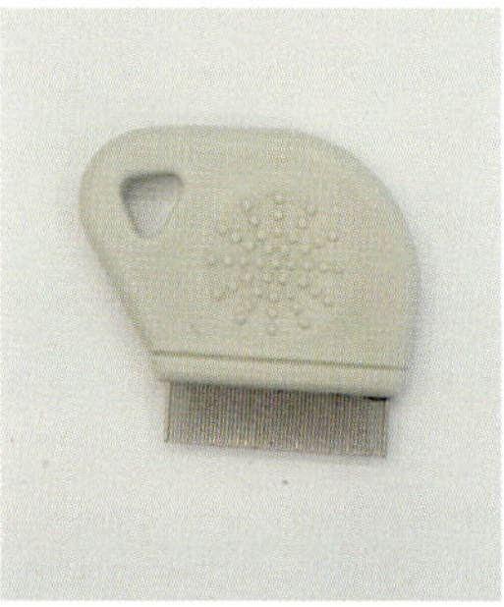	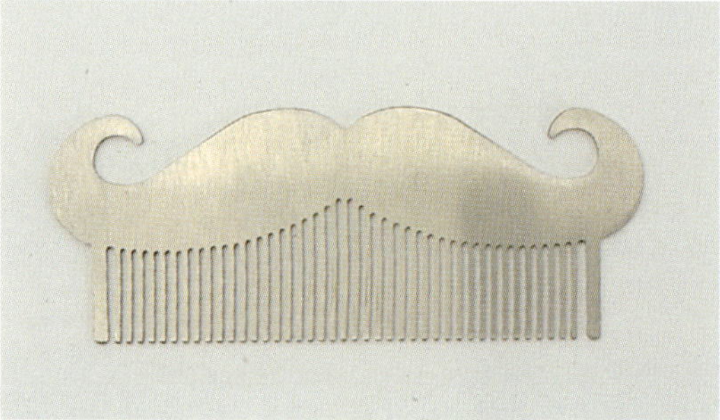
수염 전용 콤	수염 전용 콤

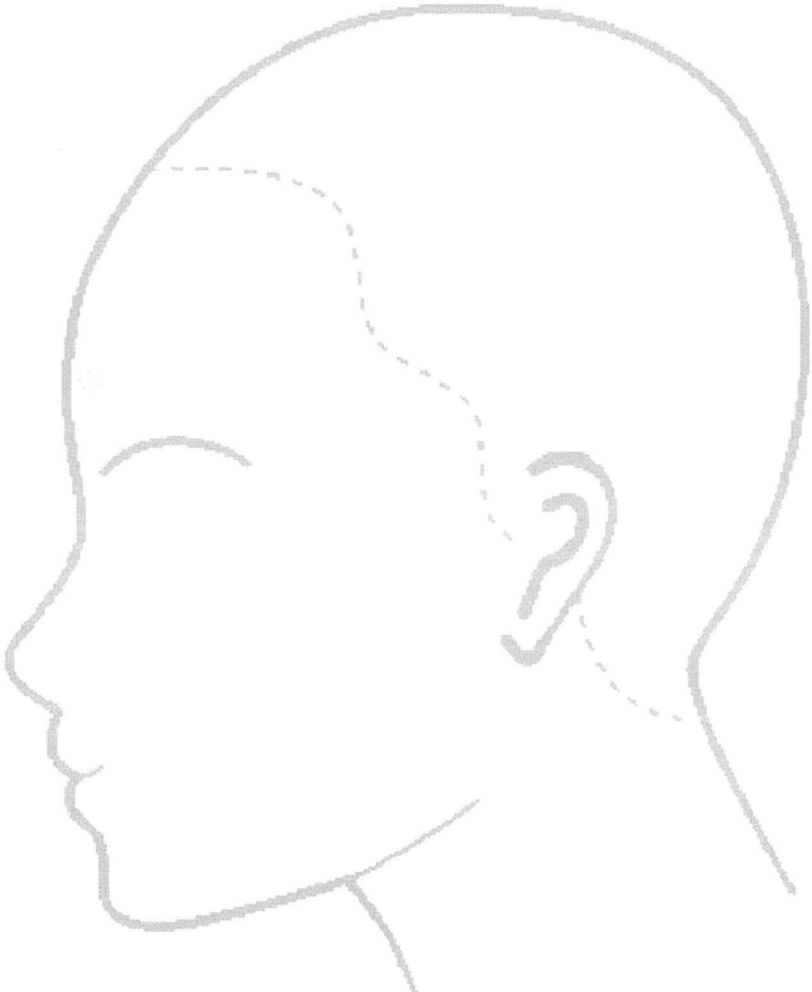

CHAPTER 2

BARBER HIGH CUT

바버 하이 컷

1 하이 컷의 정의

하이 커트는 머리카락을 짧게 커트하는 것이다. 머리카락의 길이를 짧게 줄이는 것이 목적이므로, 헤어 스타일을 바꾸거나 꾸미기 위한 커트이다.

주로 스포츠 선수, 군인, 운동선수, 연예인, 일반인들이 많이 애용하며, 강한 인상을 주는 것이 특징이다.

헤어 분류는 커트 방법에 따라서 다양하게 나뉜다. 클리퍼나 가위 레이저 등으로 커트를 하고, 개인의 개성과 취향, 특징에 따라 완성한다.

짧은 헤어 스타일의 헤어 커트 시 두부 상부에 있는 두발은 길고 하부로 갈수록 짧게 커트해서 두발의 길이에 작은 단차가 생기게 한다.

하이 커트 후 다양한 스타일링 방법이 있다. 커트 후에는 머리카락이 어색해 보일 수 있으므로 일주일 정도의 시간이 필요할 수 있다. 헤어 스타일을 바꾸려면 머리를 뒤로 넘기거나 옆으로 넘기는 등의 방법을 사용할 수 있다.

하이 커트는 두상 형태에 상관없이 누구나 쉽게 소화할 수 있는 스타일이다. 특히 갸름한 얼굴형을 가진 사람이 하면 얼굴이 더 작아 보이고, 둥근 얼굴형을 가진 사람이 하면 얼굴이 더

작고 갸름해 보인다.

또한 다양한 연출이 가능하다. 머리 윗부분의 길이를 조절하여 원하는 느낌을 연출할 수 있다. 짧게 자르면 시원하고 깔끔한 느낌을, 길게 자르면 부드럽고 세련된 느낌을 연출할 수 있다.

2
Fade(페이드)의 정의

긴 머리나 짧은 머리를 자연스럽게 다듬어서 연결하며 모발의 길이의 변화를 주면서 부드럽게 그라데이션(Gradation)하는 방법이다.

커트 베이스가 되는 브로킹 웨스트(Blocking. Weight)는 헤어스타일을 만드는 첫 번째 Weight Line을 만드는 것이다. 웨스트 라인(Weight Line)을 만드는 건 Blocking. Weight를 정하는 것이다.

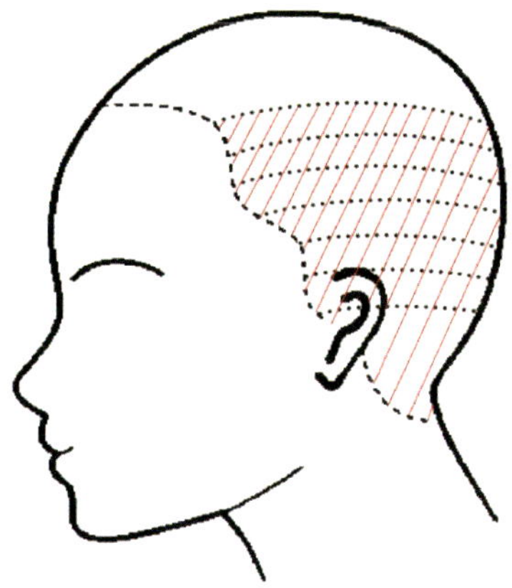

High fade

무게 선(Weight line)부터 백사이드(Back side) 라인을 평행하게 내리지 않고 전체적으로 높게 클리퍼로 커트

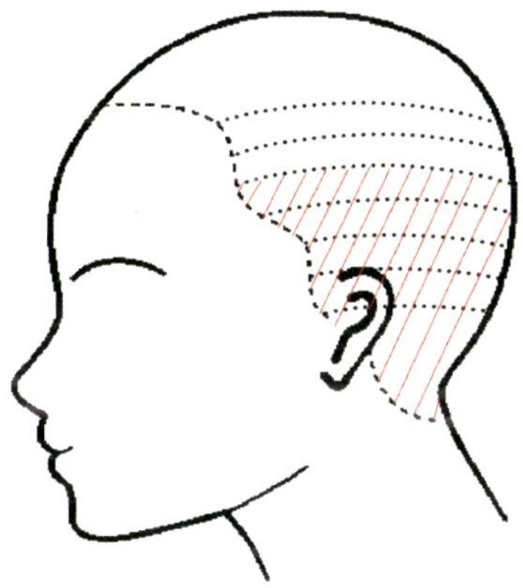

Mid fade

무게 선(Weight line)부터 백사이드(Back side) 라인을 중간으로 설정하여 클리퍼 커트

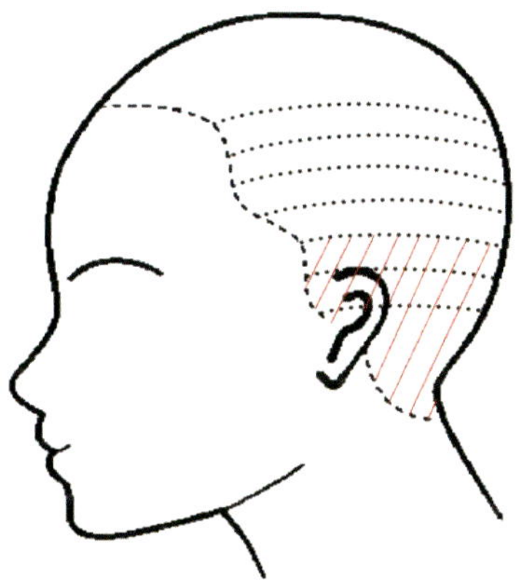

Low fade

무게 선(Weight line)부터 백사이드(Back side)라인을 낮추어 클리퍼 커트

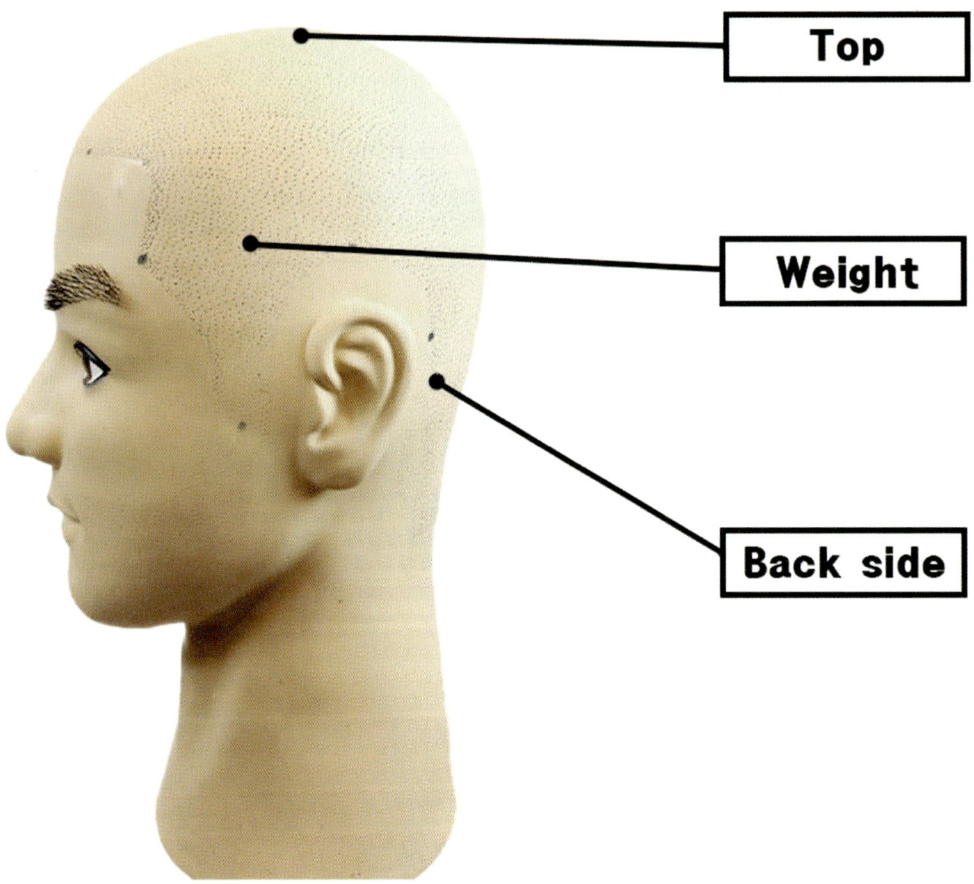
Top
Weight
Back side

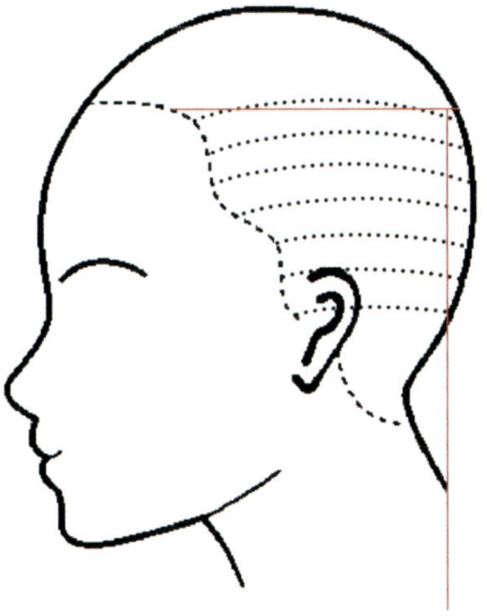

Blocking(블로킹)

Weight Line 뒷머리까지 바닥과 평행한 라인을 잡고 Weight Line의 차단 공간을 나누는 것이다. 블로킹은 Weight Line의 기준이 될 수 있다.

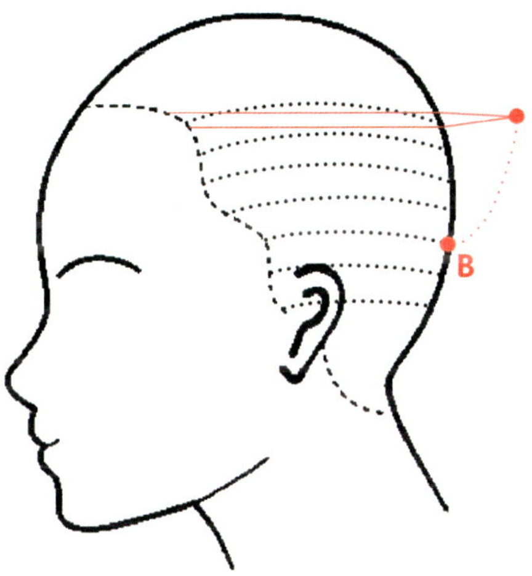

Weight(웨이트)

블로킹 아래 약 2cm 패널(A) 모발을 바닥과 평행하게 당겨서 커트한다. 커트한 모발이 떨어진 위치가 Weight Line(B) 위치이다. 절삭된 모발이 길수록 낮은 위치로 떨어져 Low fade가 되고 절삭된 모발이 짧을수록 높은 위치로 떨어져 High fade가 된다.

3
하이 컷의 종류

1) 댄디 컷: 머리 윗부분을 짧게 자르고, 머리 옆면과 뒷부분은 옆으로 넘겨 깔끔하게 연출하는 스타일이다.

2) 힙합 컷: 머리 윗부분을 짧게 자르고, 머리 옆면과 뒷부분은 웨이브나 컬을 넣어 자유분방하게 연출하는 스타일이다.

3) 밀리터리 컷: 머리 윗부분을 짧게 자르고, 머리 옆면과 뒷부분은 짧게 깎아 군인처럼 연출하는 스타일이다.

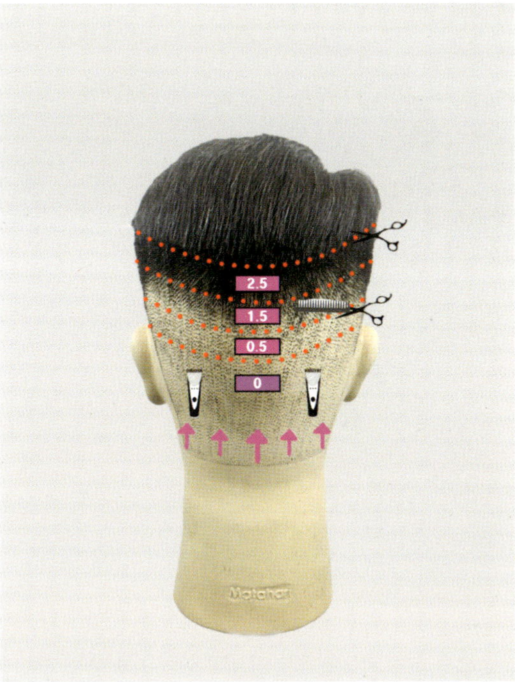

도해도

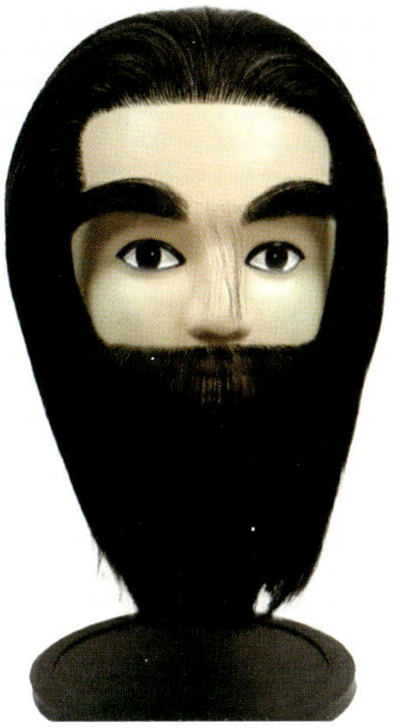

시술 전 모습(Before)

2등분 U라인 브로킹(Broking)

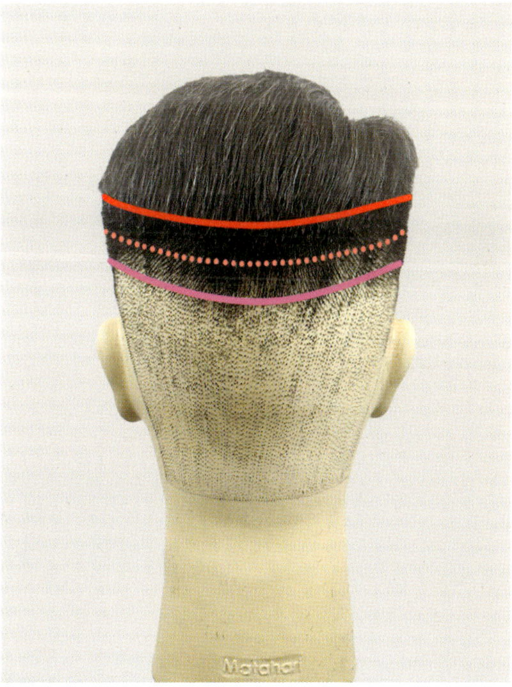

커트 후 모습(After)

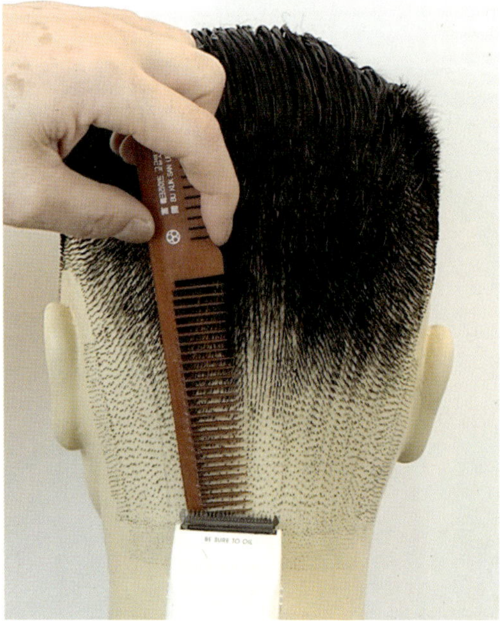

빗을 두피에 밀착시켜서 수직으로 클리퍼 커트한다.

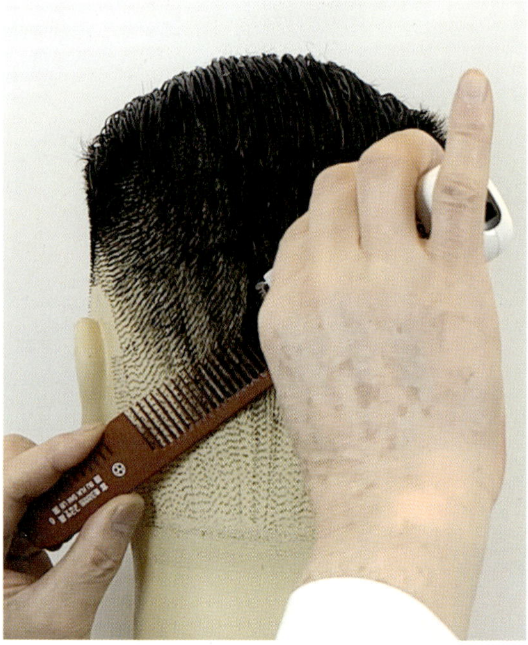

사선으로 클리퍼(Clipper) 다듬기 커트한다.

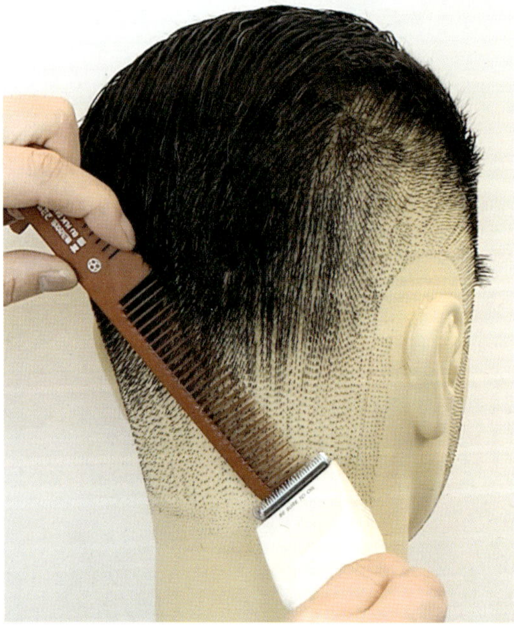

네이프(Nape) 부분은 작은 빗으로 커트한다.

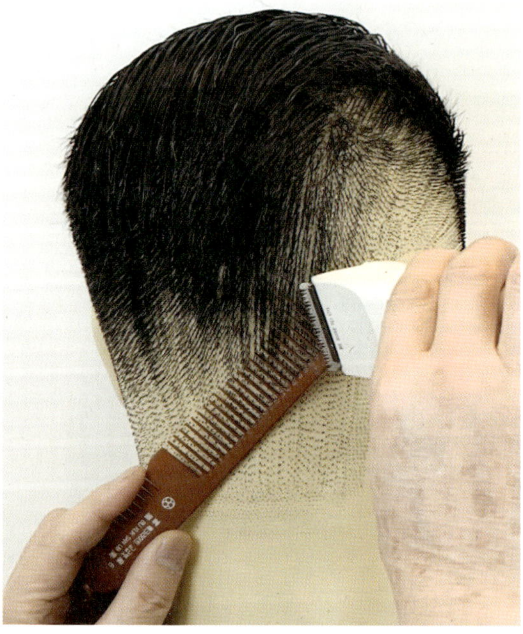

빗을 대고 클리퍼 커트 시 클리퍼가 빗의 위에서 벗어나지 않게 조금씩 운행한다.

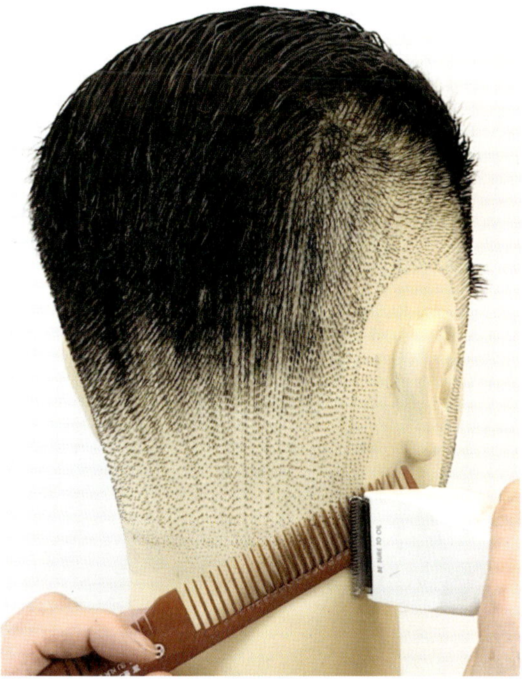

네이프 코너는 두피와 경계되는 부분은 고객과 소통한다.

클리퍼로 연모 정리 후 두피와 경계되는 선을 명확하게 구분한다.

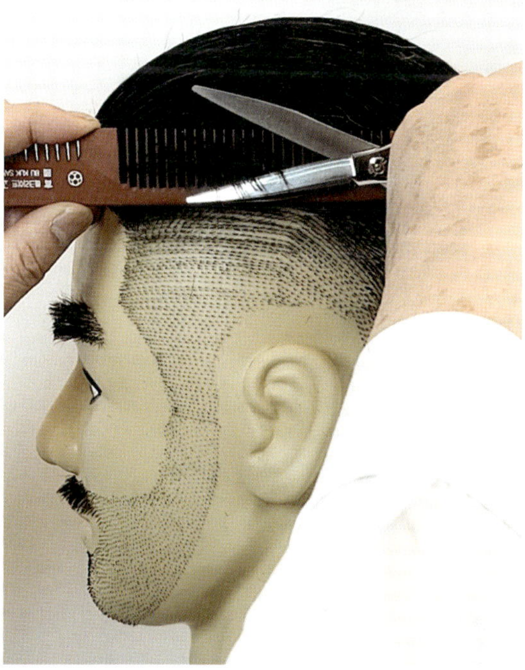

클리퍼 커트를 마친 후 모발 정리를 위하여 빗과 가위로 그라데이션(Gradation)한다.

빗으로 체크 커트 시 두피. 모발의 무거운 부분까지 점검하며 커트한다.

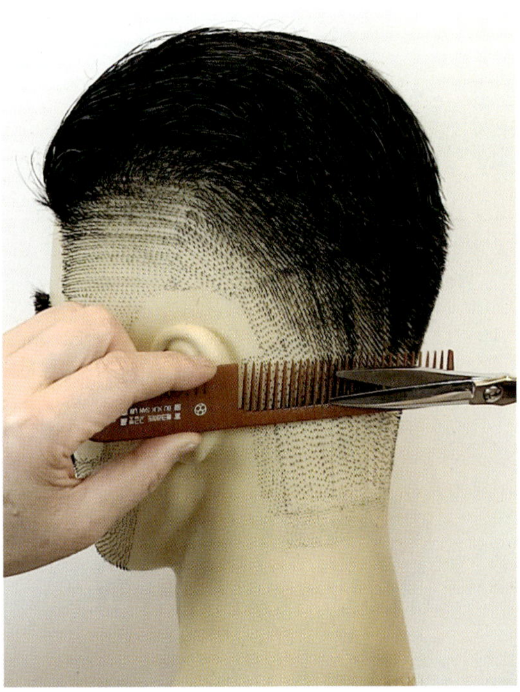

코너 부분은 소밀깎기로 마무리한다.

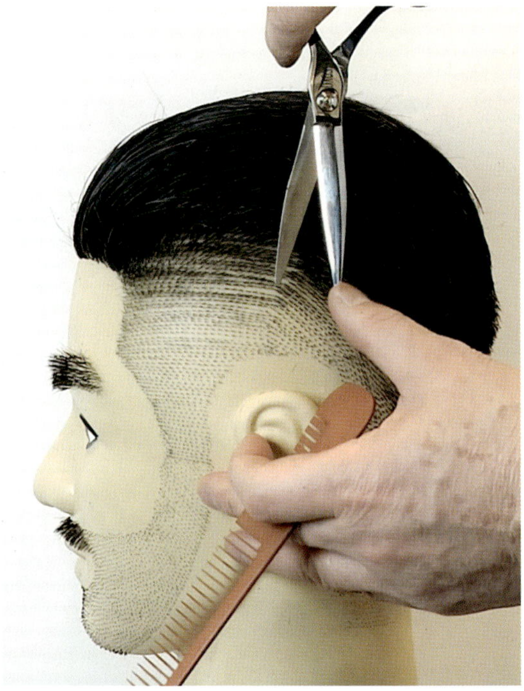

가위를 사용하여 밀어깎기로 정리한다.

완성된 모습

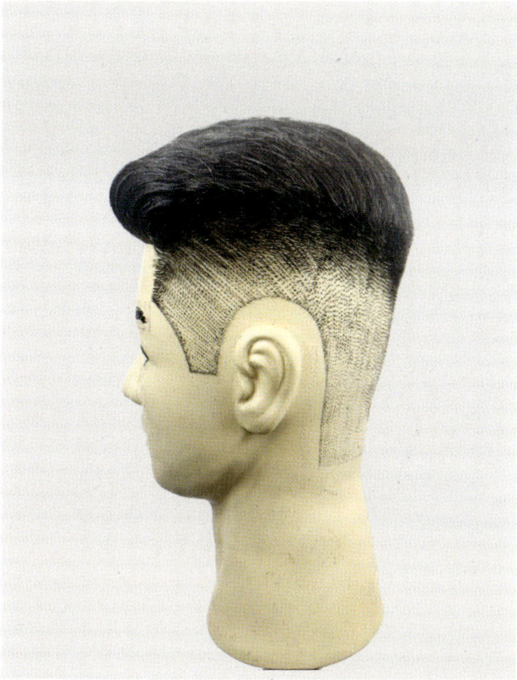

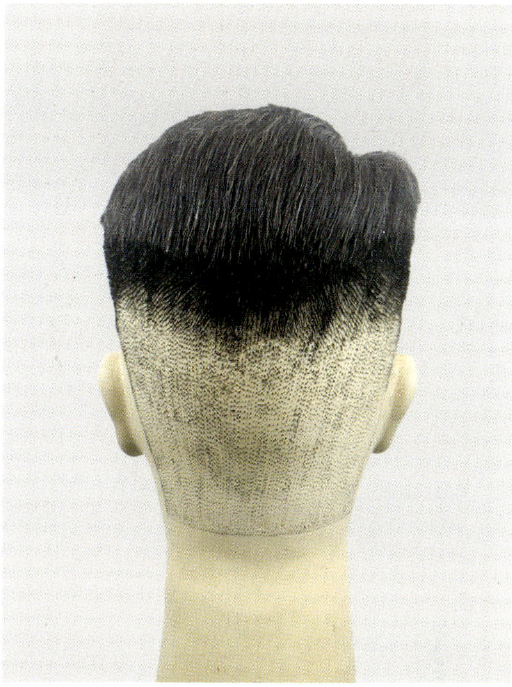

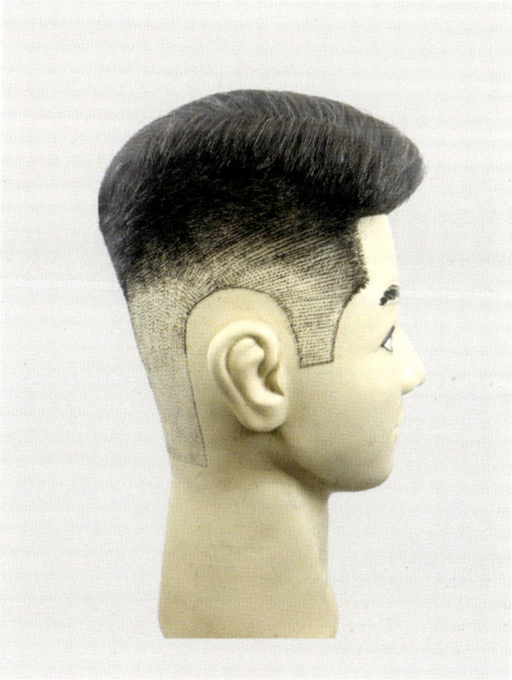

1) 블로킹(Blocking)

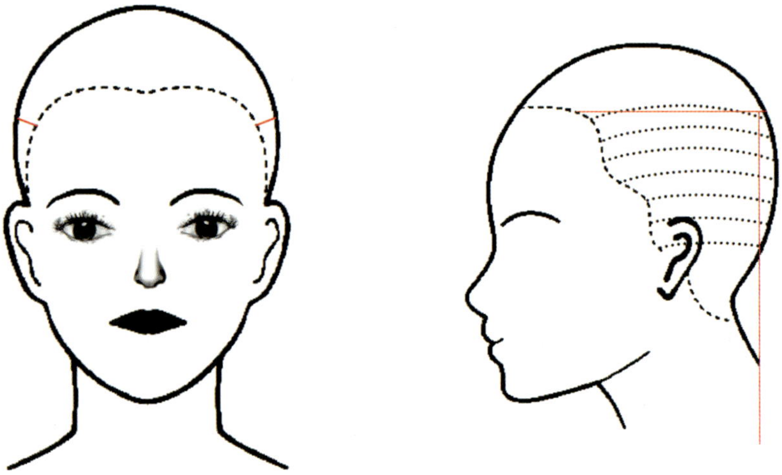

2) 웨이트(Weight)

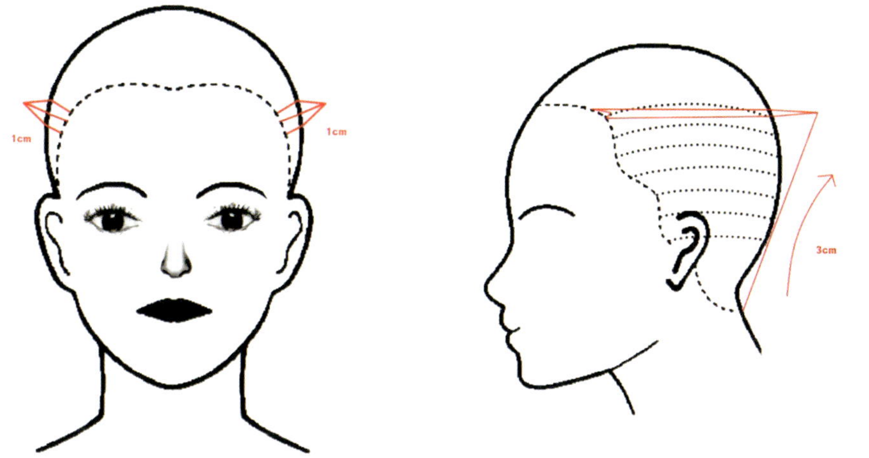

3) 페이드(Fade)

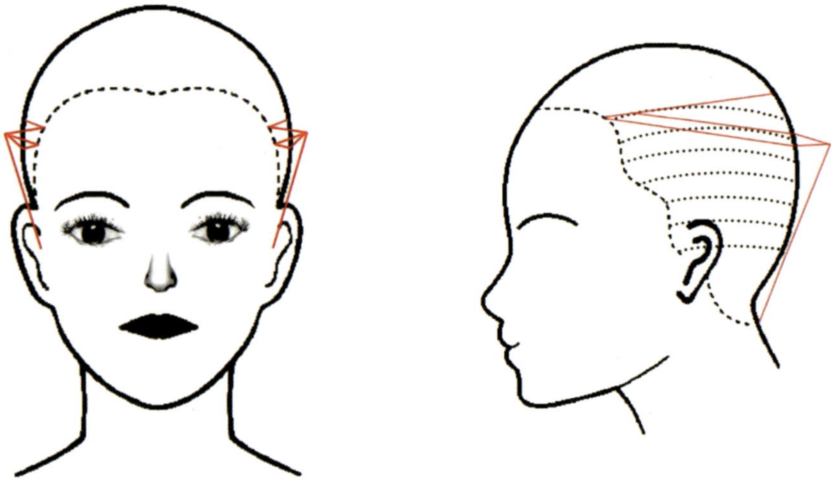

4) 탑(Top)

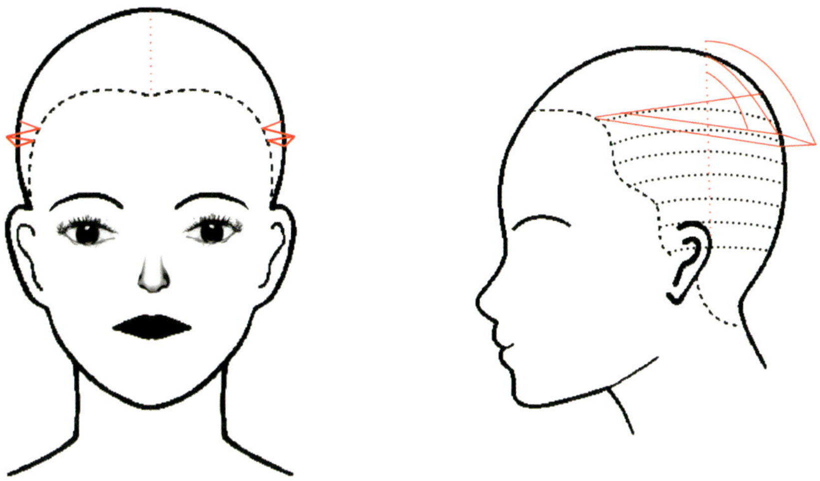

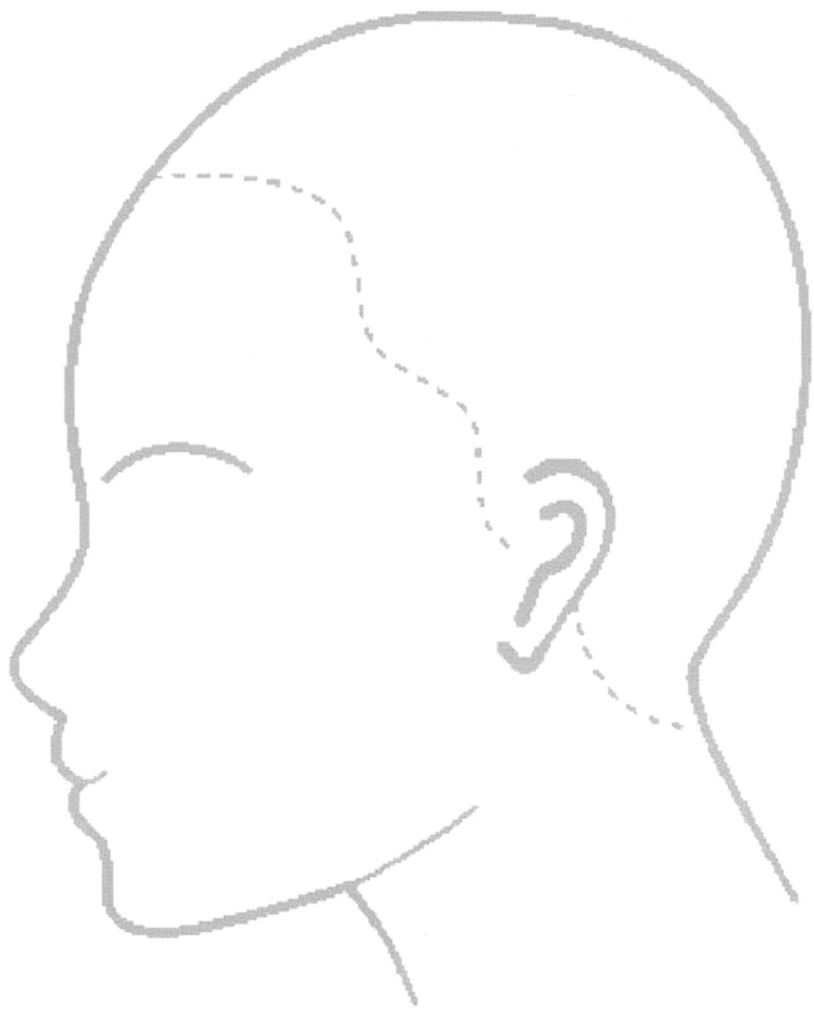

MEMO

CHAPTER

3 HAIR SCRATCH

헤어 스크래치

1 헤어 스크래치의 정의

헤어 스크래치는 클리퍼, 면도기, 가위 등을 이용하여 작업을 한다. 양각과 음각을 표현하여 음영을 주며 자연스러운 선명도를 만든다. 선, 문자, 그림, 문양 등을 만들고 컬러 염색을 사용하여 다양한 표현을 한다.

헤어 스크래치는 주로 다음과 같은 용도로 사용한다.

- 면도 후 남은 연모 정리
- 가르마나 옆머리의 짧은 머리카락 정리
- 앞머리의 숱 조절
- 헤어 스타일의 디테일 살리기

헤어 스크래치를 사용하면 면도 후에도 부드러운 피부를 유지할 수 있고, 가르마나 옆머리의 깔끔한 라인을 연출할 수 있다. 또한 앞머리의 숱을 조절하거나 헤어 스타일의 디테일을 살리는 데에도 효과적이다.

헤어 스크래치를 사용할 때는 다음과 같은 주의 사항을 숙지하는 것이 좋다.

- 헤어 스크래치의 칼날은 날카롭지 않지만, 피부에 자극을 줄 수 있으므로 주의해서 사용해야 한다.
- 헤어 스크래치를 사용할 때는 머리카락이 젖어 있지 않은 상태에서 사용하는 것이 좋다.
- 헤어 스크래치를 사용한 후에는 깨끗하게 세척해야 한다.

바버샵에서 사용하는 헤어 스크래치는 면도 후 깔끔한 마무리와 다양한 헤어스타일을 연출하기 위한 방법이다.

1. Hair Scratch(헤어 스크래치)

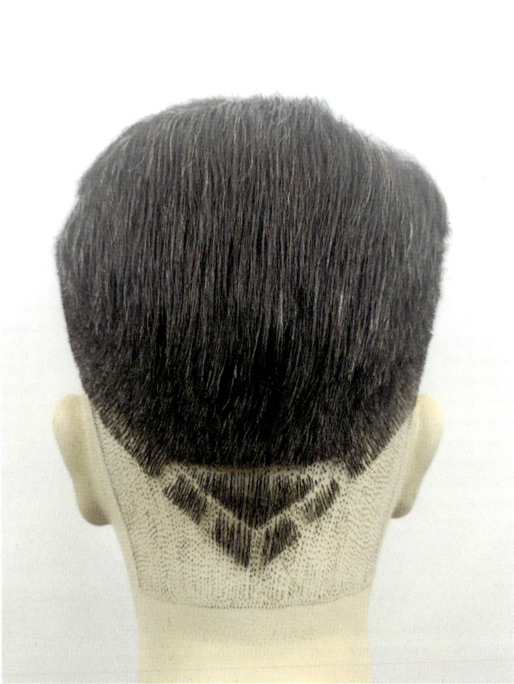
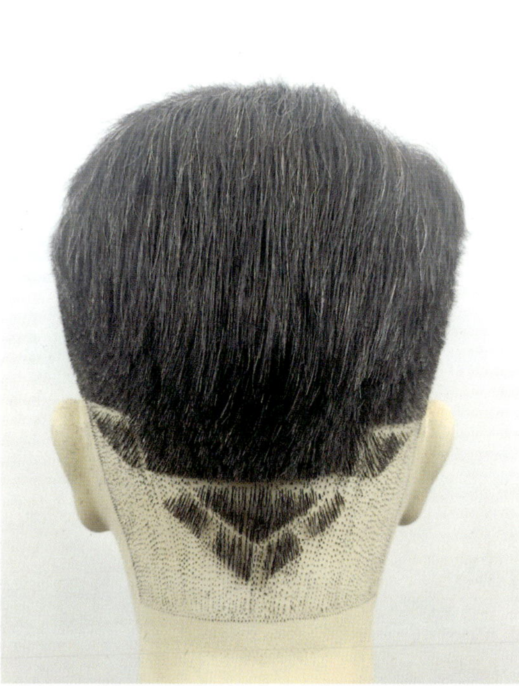
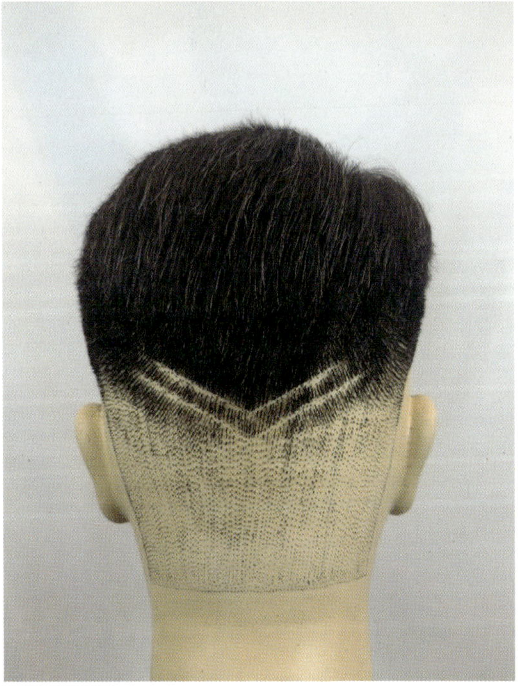
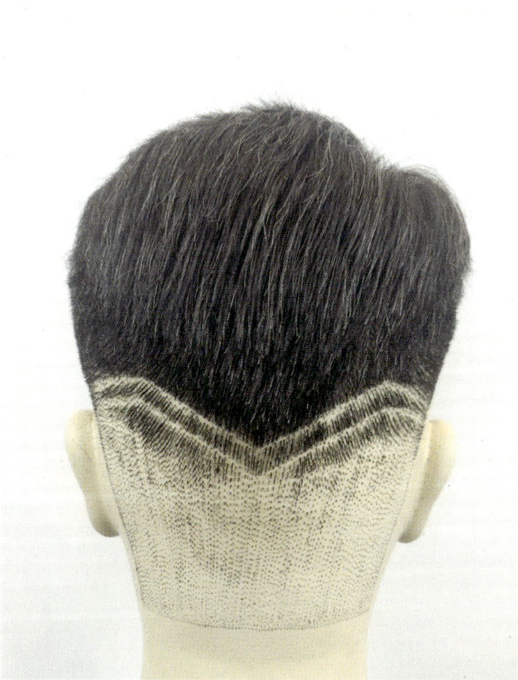

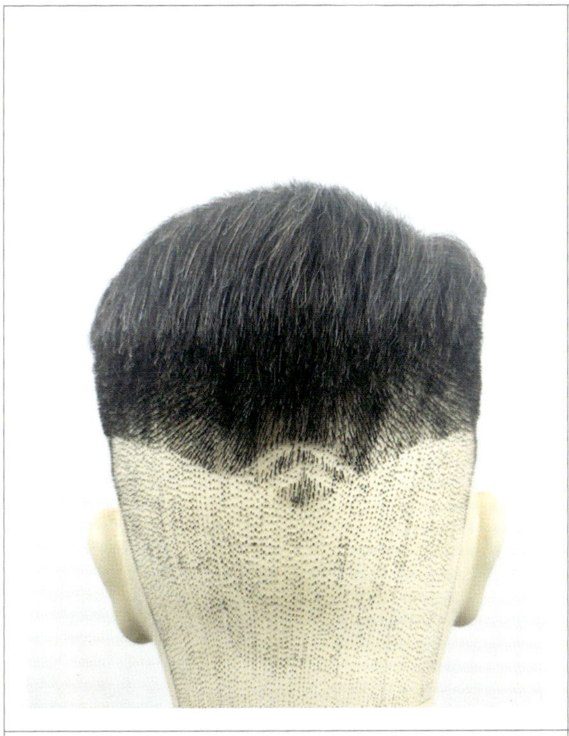

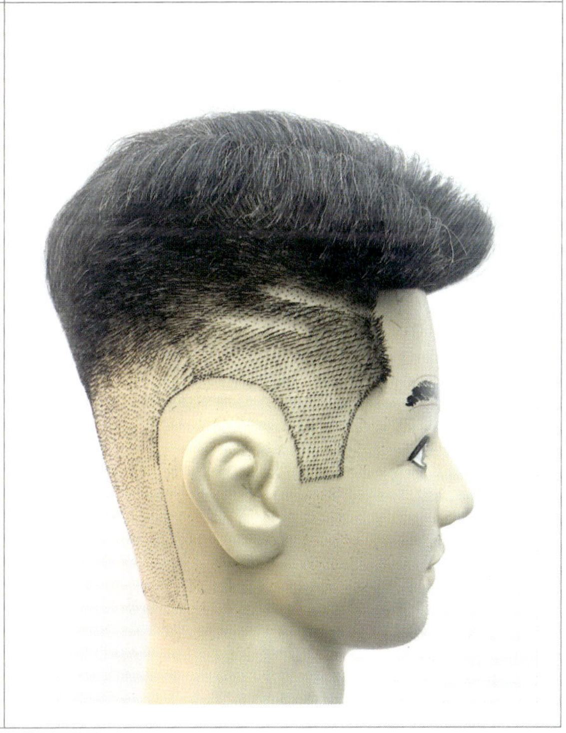

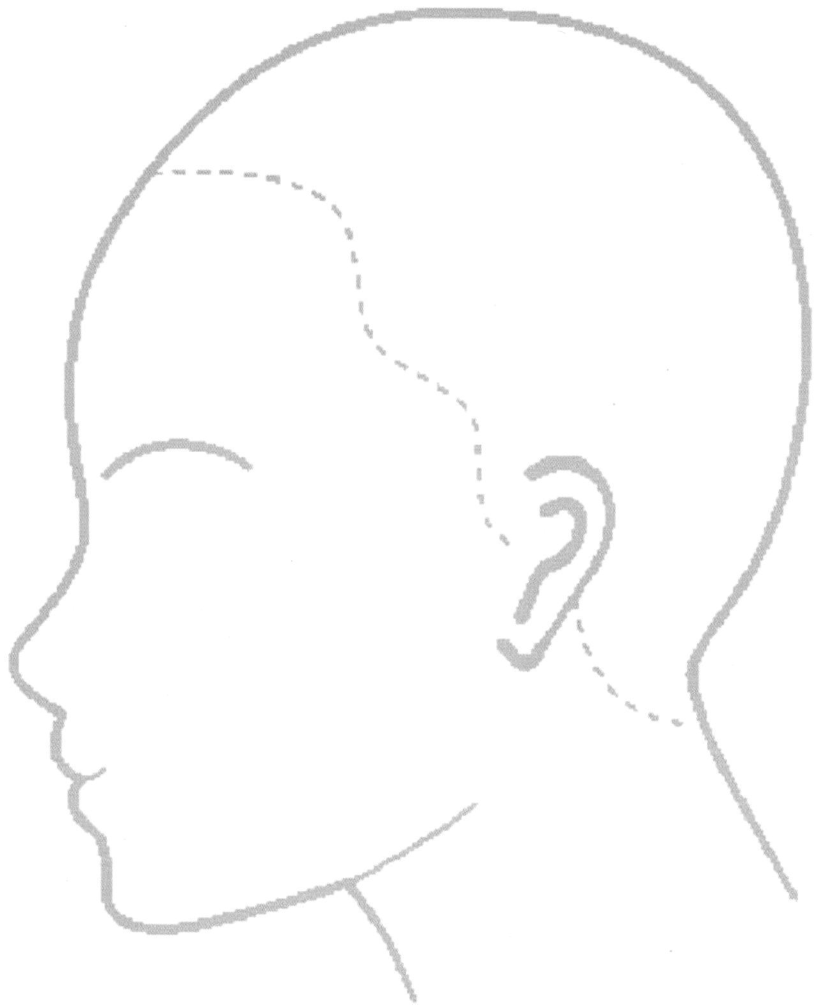

MEMO

CHAPTER 4

BARBER MIDDLE CUT

바버 미들 컷

1 미들 컷의 정의

미들 커트는 길이가 중간 정도인 머리 스타일을 말한다. 남성들에게 인기 있는 커트 스타일 중 하나로, 길이를 적당히 남기고 정돈된 느낌을 주는 스타일이다. 미들 커트는 다양한 변형이 있을 수 있으며, 개인의 얼굴형과 머리카락의 텍스처에 따라 다른 스타일링이 가능하다.

미들 커트는 S.P에서 B.P를 중심으로 길이를 결정하는 남자 스타일이다. 전두부의 기장을 시술각에 맞추어 스타일링하고 후두부의 깔끔함을 강조하는 스타일이다.

두정부의 연결성과 자연스러움을 강조한 스타일이며 일명 장교 스타일이라고도 한다. 머리숱, 머리카락 굵기, 머리 뜨는 정도, 모류 방향, 곱슬기에 따라 다르겠지만 여름철이 돌아오면 누구나 선호하는 커트 기장이다.

미들 커트의 장점은 두발의 길이를 일정하게 유지하면서 머리카락의 무게를 줄여주는 것이다. 이로 인해 머리카락이 더욱 가볍고 볼륨감이 있다.

미들 커트를 완성하기 위해서는 머리의 위쪽은 약 6~8cm 정도, 네이프 라인은 0cm로 하고, 골덴 미디엄 포인트(G.M.P)는 약 4~5cm 정도의 길이로 자르는 것이 좋다. 또한 옆머리와 뒷머리는 깔끔하게 정리하여 전체적인 균형을 맞추는 것이 중요하다.

미들 커트 드라이는 머리를 커트한 후에 드라이기나 스타일링 제품을 사용하여 원하는 스타일을 연출하는 방법이다. 이 방법은 미들 커트 스타일의 머리카락을 더욱 정돈되고 세련된 느낌으로 만들어 준다. 드라이기를 사용하여 머리카락을 걷어 올리거나 텍스처를 줄 수 있으며, 헤어 왁스나 젤을 사용하여 원하는 스타일을 잡아줄 수도 있다.

미들 커트 드라이는 일상적인 스타일부터 특별한 행사나 자리에 어울리는 스타일까지 다양한 분위기를 연출할 수 있어 많은 남성들이 선호하는 스타일 중 하나이다. 그러나 미들 커트 드라이를 할 때는 머리카락의 상태와 텍스처를 고려하여 적절한 제품과 방법을 선택하는 것이 중요하다. 이를 위해 전문적인 바버 마스터나 헤어 스타일리스트의 도움을 받을 수도 있다.

1. 바버 미들 컷

커트 전 모습(Before)

U 브로킹(2등분)

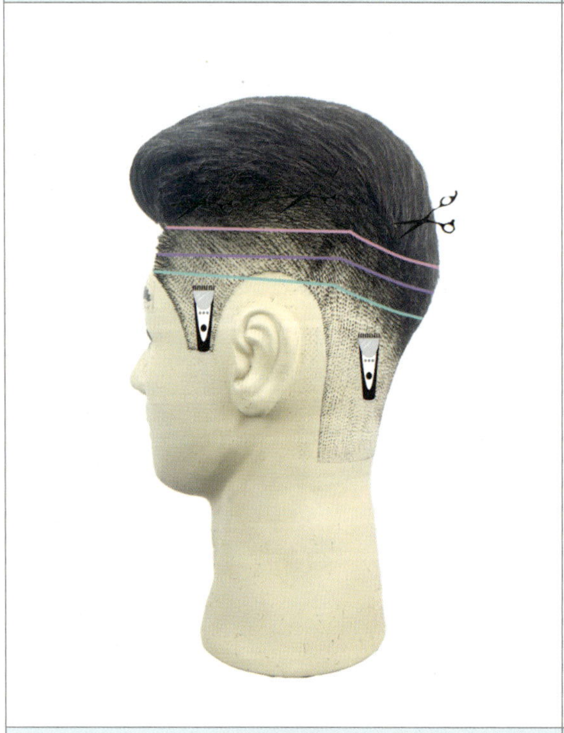

도해도

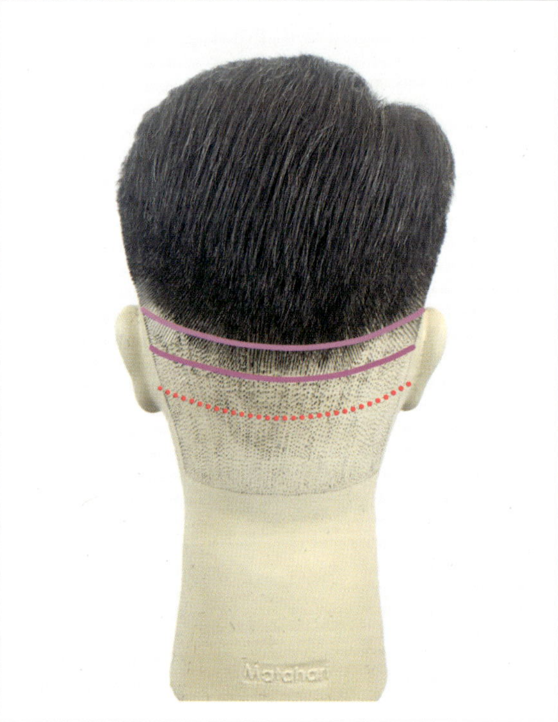

커트 후 모습(After)

미들 컷(Middle Cut)한 모습

탑(Top) 부분을 가이드로 길이 선정한다.

가이드 길이를 기준으로
좌측 길이도 커트한다.

가이드 길이를 기준으로 우측 길이도 두피
각도에 맞춰서 커트한다.

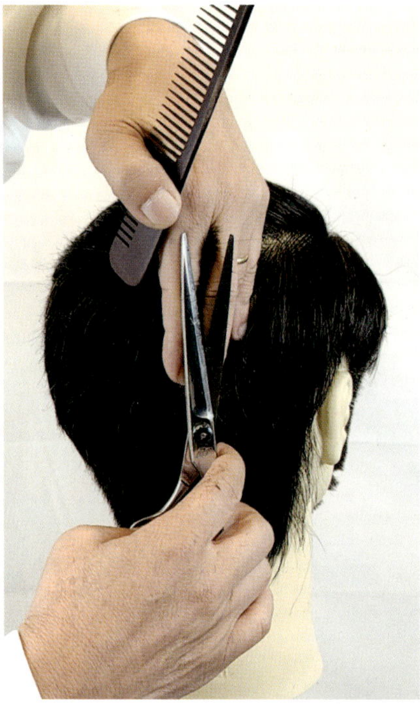

모발의 각도는 두피에서 90°가 되도록 직선 커트한다.

이어(Ear) 부분 커트 시 모발의 각도에 손을 고정 후 커트한다.

사이드(Side)는 겹치는 부분을 자연스럽게 그라데이션한다.

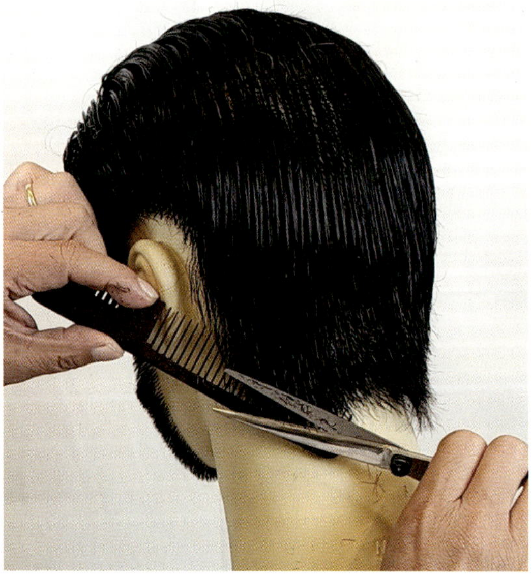

네이프(Nape) 코너는 소밀깎기로 한다.

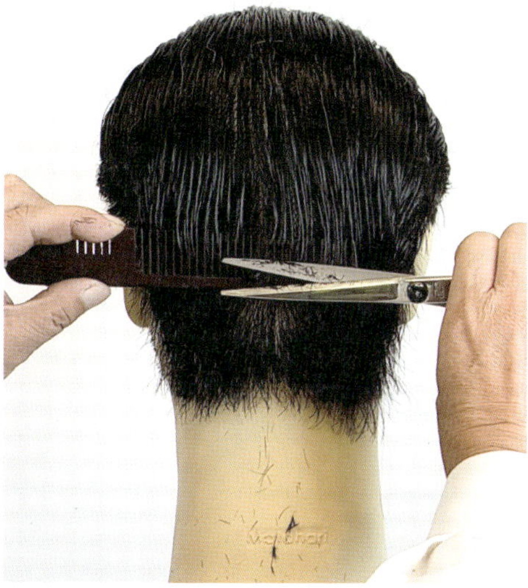

백(Back) 부분은 둥굴게 싱글링 커트한다.

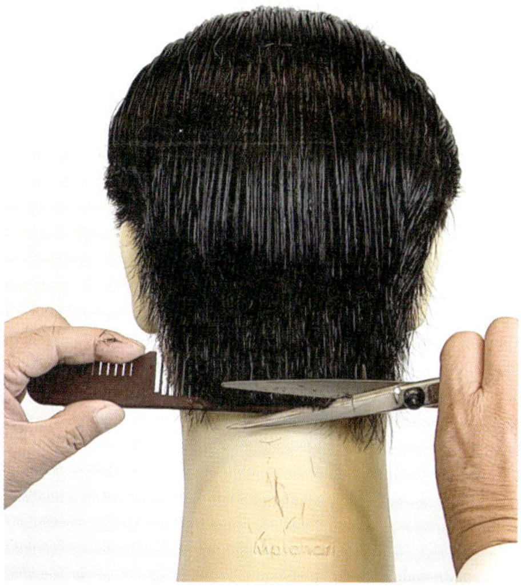

네이프(Nape) 라인은 햄(Hem) 라인과 명확하게 구분한다.

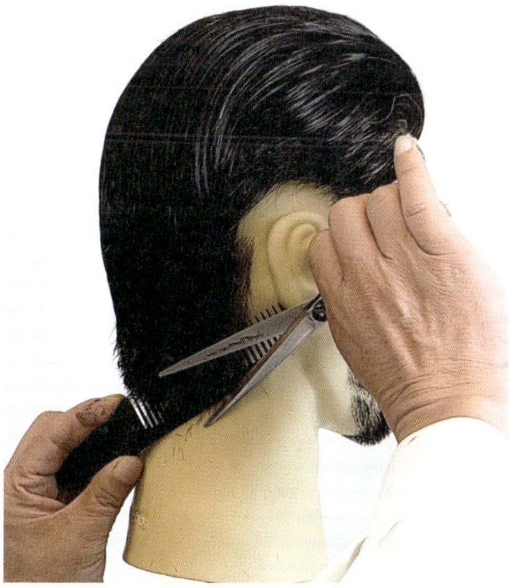

우측 네이프 코너(Nape Corner) 커트 시 부드럽게 한다.

마지막 단계로 수정 커트에 해당되는 과정이다.

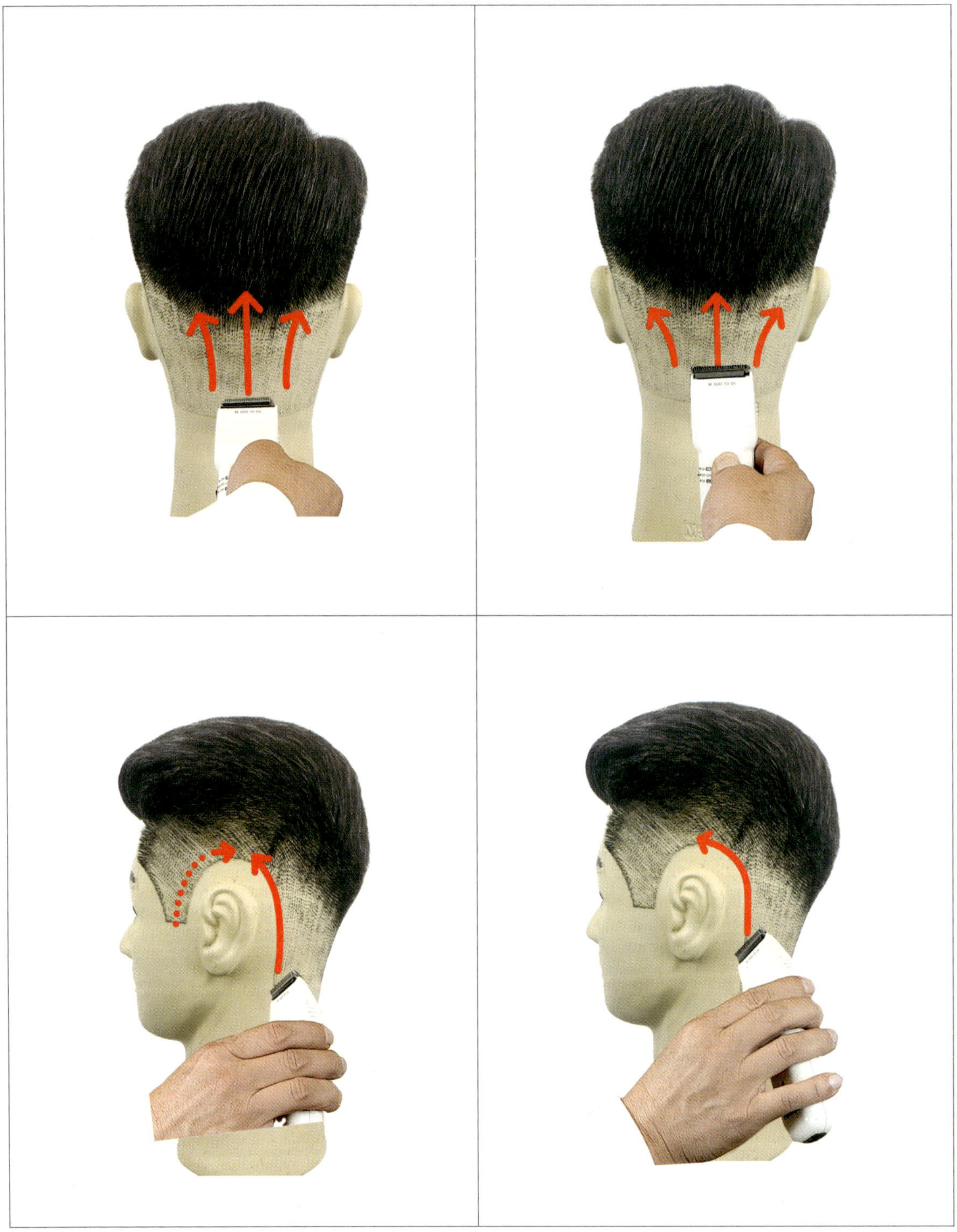

완성된 모습

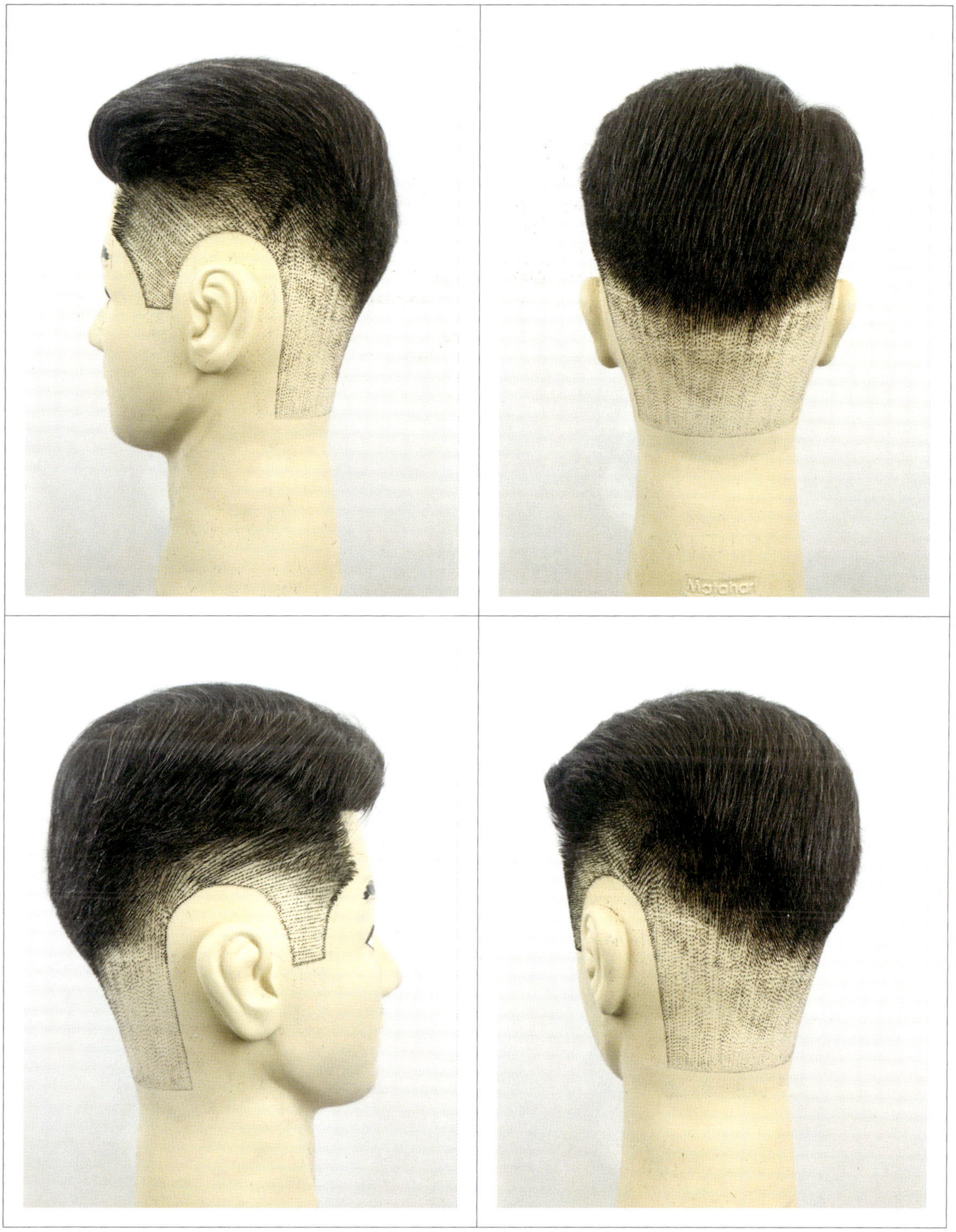

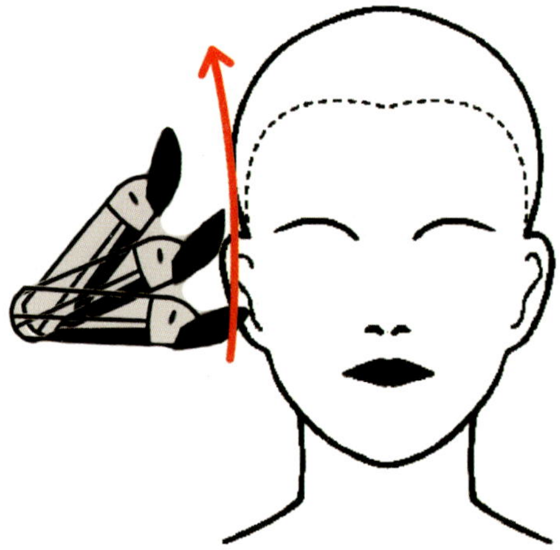

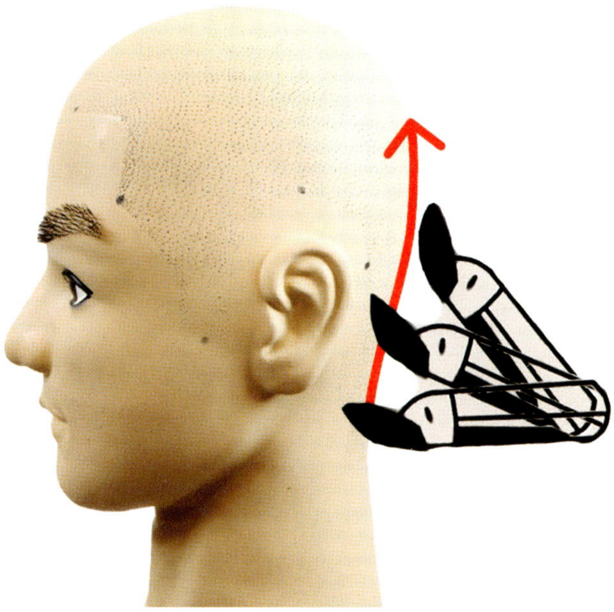

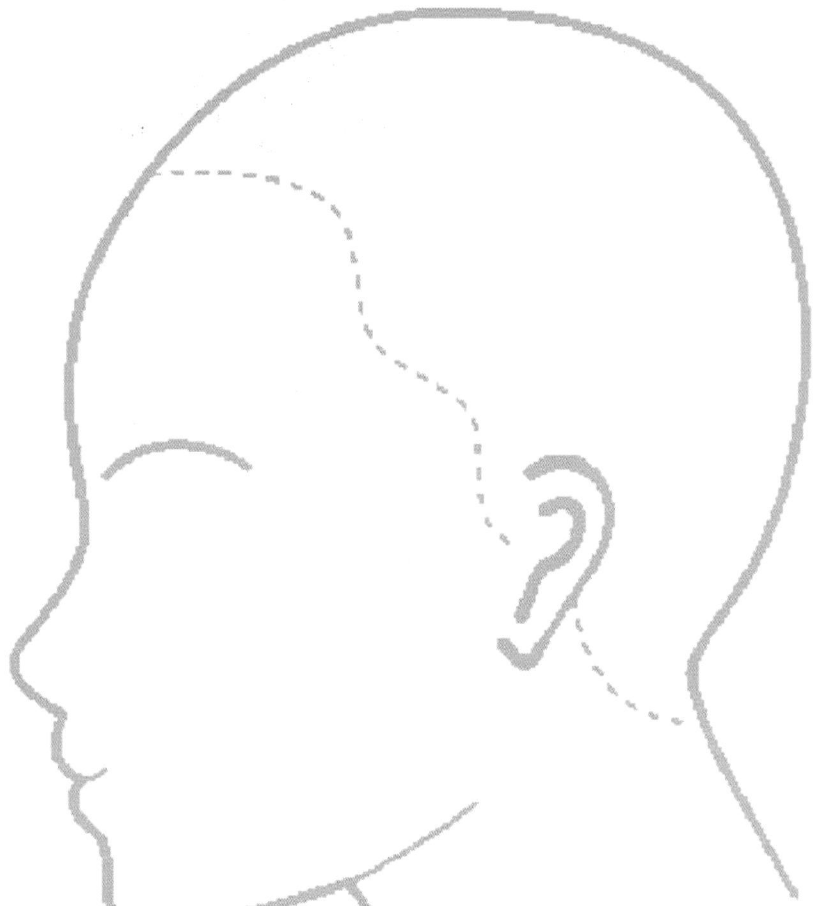

MEMO

CHAPTER 5

MIDDLE CUT DRY

미들 컷 드라이

1 미들 컷 드라이의 정의

미들 컷 드라이는 긴 머리와 짧은 머리의 중간 정도로 드라이 완성 시 부드럽고 풍성한 느낌으로 특유의 매력이 넘치는 스타일이다. 얼굴이 둥글고 네모난(각진) 얼굴에 잘 어울리는 스타일이며, 스타일리시한 느낌을 주기 때문에 직장인이나 학생 등 다양한 연령대의 남성들에게 인기가 많다.

미들 커트 드라이를 완성하기 위해서는 머리의 위쪽은 6~8cm 정도, 네이프 라인 0cm, 골든 포인트 약 4~5cm 정도의 길이로 자르는 것이 좋다. 또한 옆머리와 뒷머리는 전체적인 균형을 맞추는 것이 중요하다.

미들 커트 드라이를 연출할 때는 헤어 고정 제품을 사용하여 볼륨감을 살려주면 더욱 멋스러운 스타일을 연출할 수 있다.

미들 커트 드라이의 장점은 다음과 같다.

관리가 쉽고 머리카락이 너무 길지 않아서 드라이기로 쉽게 말릴 수 있다. 또한 손질을 하지 않아도 자연스러운 스타일을 연출할 수 있다.

얼굴형에 따라 다양한 스타일링이 가능하고 층을 내어 볼륨을 주거나, 앞머리를 내어 귀여운 느낌을 연출할 수 있으며, 둥근 얼굴형은 얼굴형을 갸름하게 보이게 한다.

또한 세련되고 현대적인 느낌을 준다.

1. 미들 컷 드라이

블로우 드라이로 구분하여 라인을 만든다.
드라이 전 가르마는 면도(스크래치)한다.

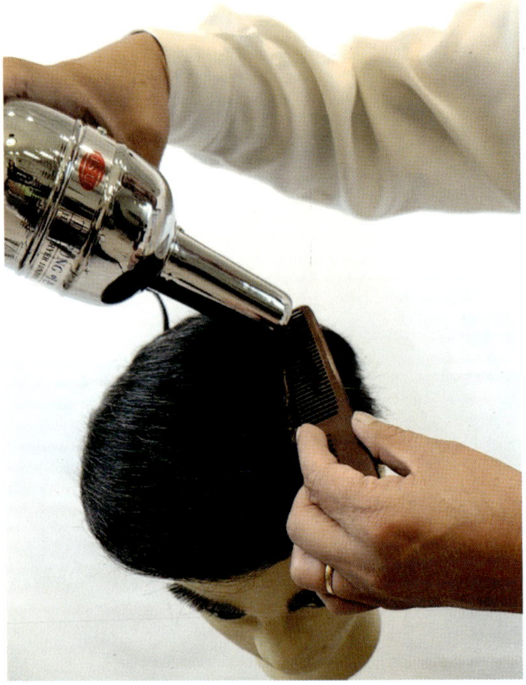

드라이 시 드라이 일자 빗은
수평을 유지해야 한다.

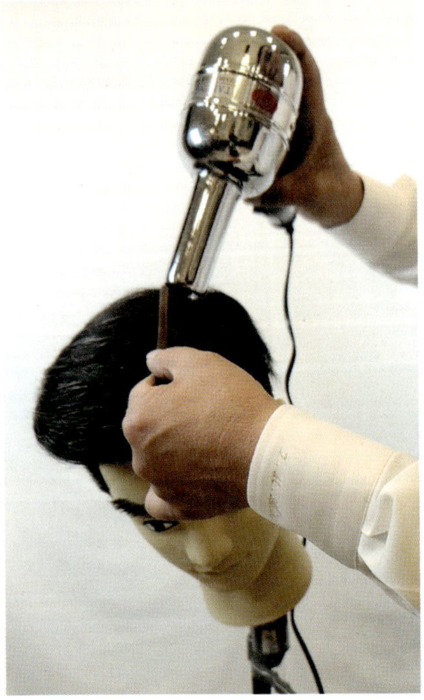

드라이 노즐 각도는 5°가
가장 이상적이다.

드라이로 열을 주면서
빗으로 모류를 정리한다.

이마 부분은 빗으로 머리카락이
흘러내리지 않게 고정한다.

프론트 사이드(Front side) 부분은 스타일의
높이를 조절하고 머리카락이 흘러내리지
않게 고정한다.

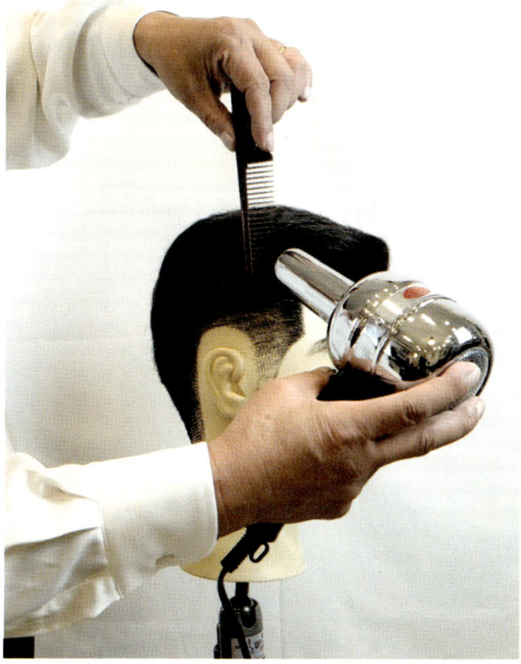

사이드 부분은 모발 끝을 정리한다.

사이드는 전체적인
그러데이션이 되게 정리한다.

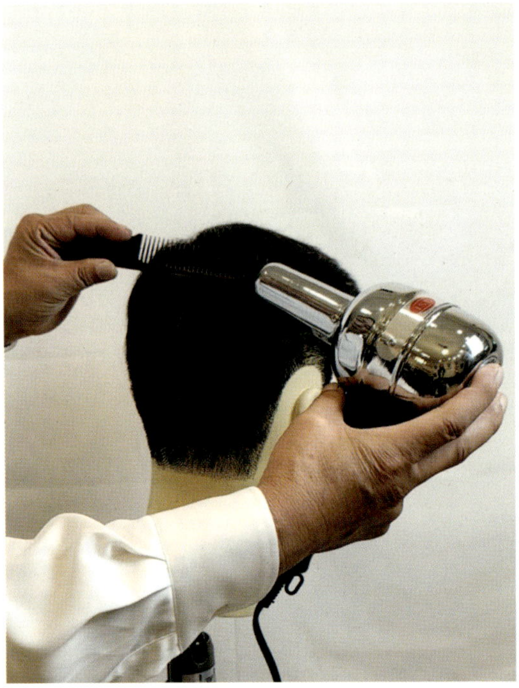

가르마 끝 지점 또는 주변을 보기 좋게 정리한다.

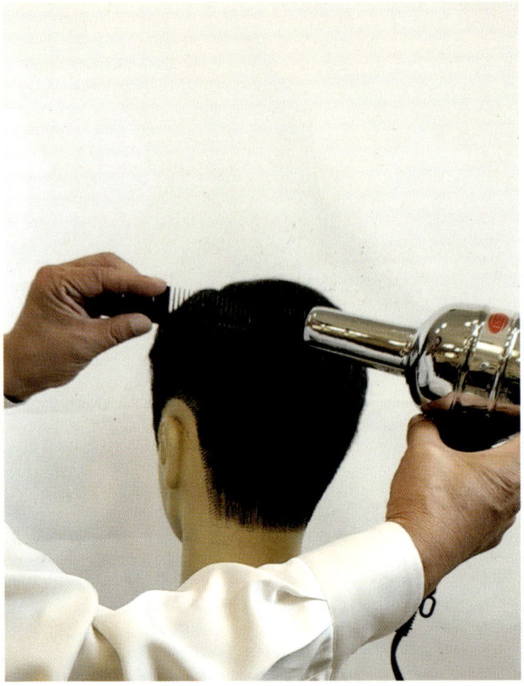

모량이 많이 겹치거나 몰려있는 부분은 모발을 분배 정리한다.

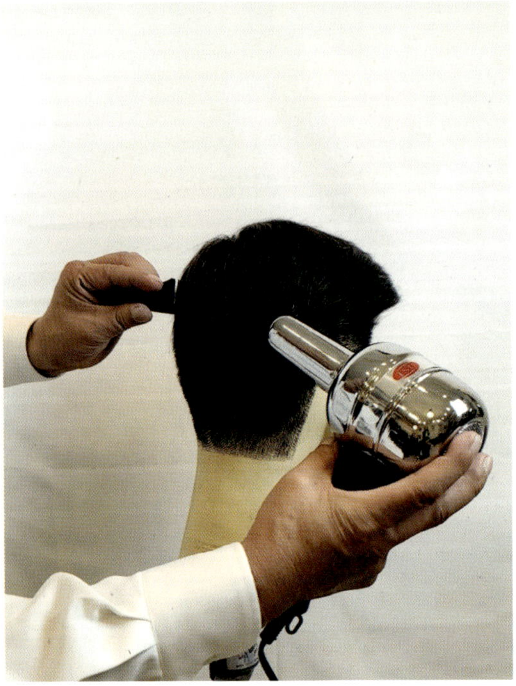

백부분부터 네이프 방향으로 정리를 마무리한다.

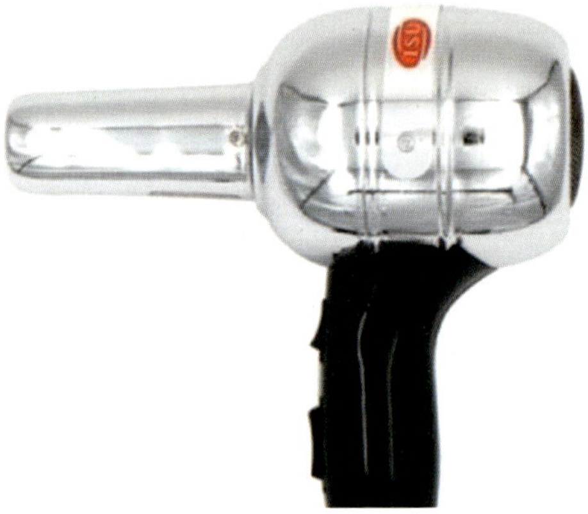

태풍 블로우 드라이

명칭은 태풍 블로우 드라이이며 공기의 흡입을 손가락으로 조정하여 드라이의 송풍 온도를 자유롭게 조정이 가능하며 살롱(Salon)으로 넓게 사용되는 드라이다.

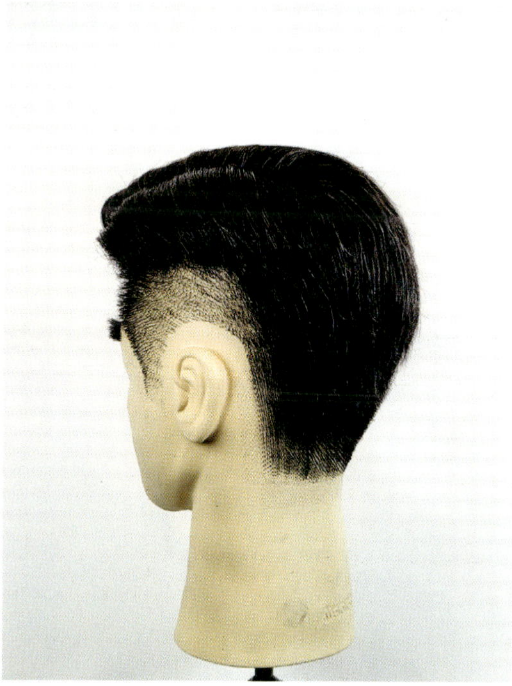

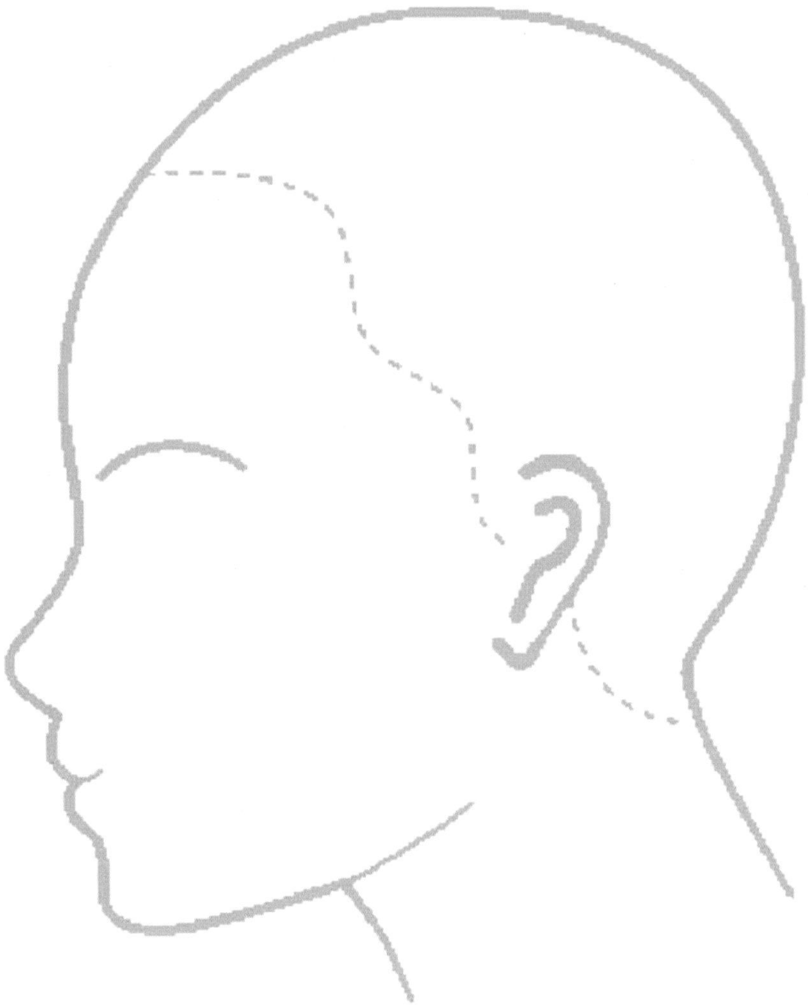

MEMO

CHAPTER 6

BABER YOUNG FASHION

바버 영 패션

1 바버 영 패션의 정의

영 패션은 영어의 '영'(Young)과 '패션'(Fashion)의 합성어로, 젊은 세대를 대상으로 한 메이크업, 헤어 스타일 등을 포함하는 스타일과 트렌드의 표현이다. 개인의 취향에 따라 헤어 영 패션은 계속해서 변화하고 발전하며 트랜드의 영향을 받는다.

다양한 시대와 문화에서 헤어 영 패션은 사회적 지위, 직업을 나타내는 자기 표현으로 사용되었다.

헤어 영 패션은 지속 가능한 패션의 일종으로, 문화에 미치는 영향을 최소화하면서도 개성있는 헤어 스타일링을 만드는 것을 목표로 한다. 헤어 스타일을 선택할 때는 자신의 얼굴형이나 평상시 머리 모양을 결정할 때는 개인의 뚜렷한 이목구비와 특징들을 고려해야 한다.

헤어 영 패션은 개인의 취향과 스타일을 표현하는 수단이다. 자신만의 스타일을 구축하려면 다양한 스타일을 탐구하고, 얼굴 형태와 성격에 어울리는 디자인과 컬러를 선택하면 된다.

또한 자연스러운 헤어 스타일을 원하면 머리를 자연스럽게 말리거나, 머리를 묶어두는 것도 좋은 방법이다.

1. Young fashion style(영 패션 스타일)

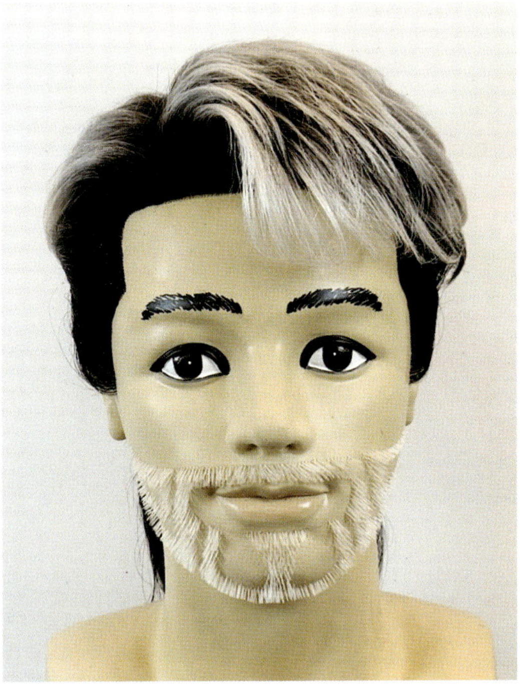

모발의 길이를 9~10cm로 자른 다음 컬러(Color)를 완성한다.

드라이기를 사용하여 C컬을 만들며 스타일을 만들어 가볍게 떨어지는 느낌을 만든다.

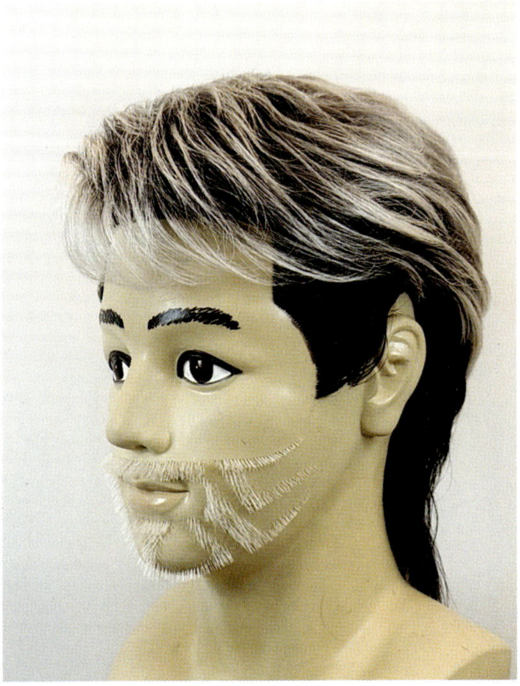

앞머리는 가늘고 가볍게 하여 머리카락의 흐름을 잘 표현한다.

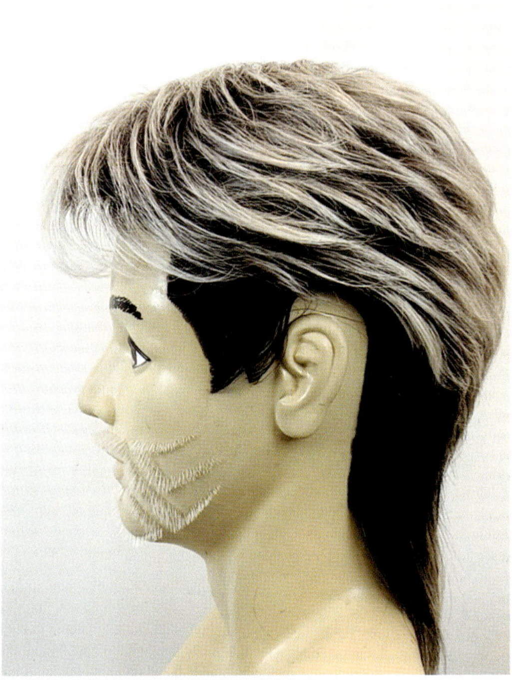

사이드 헤어는 무거운 느낌으로 이어 포인트의 헤어와 함께 드라이한다.

2. Young fashion cut(영 패션 커트)

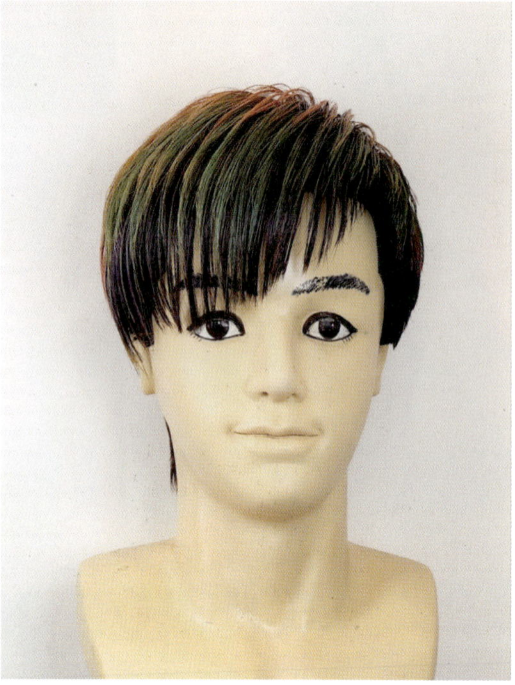

앞머리의 비대칭 스타일로 표현하고 굵은 빗살로 머릿결을 마무리한다.

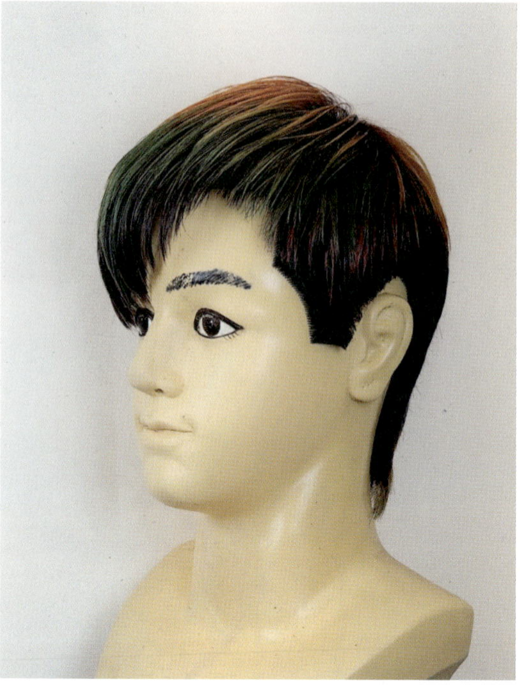

사이드는 무게감이 있지만 컬러의 조화가 잘 보이는 스타일로 버티컬 느낌을 표현한다.

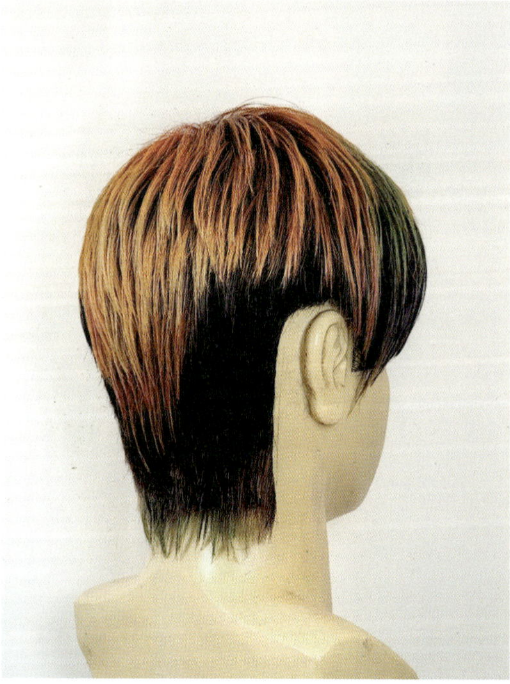

밝은색으로 강조하고 네이프는 어두운 색감으로 표현한다.

우측 부분은 색의 부조화를 보여 주며 생동감을 표현한다.

3. Two block Scratch(투블럭 스크래치)

생동감 있는 컬러를 주어 탑 부분을 강조한다.

수염의 조각과 헤어에 굴곡을 주어 조화롭게 표현한다.

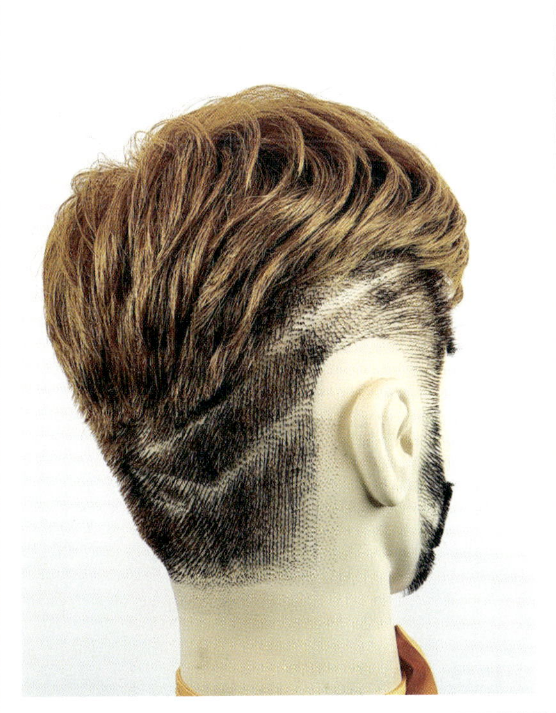

후두부의 스크래치와 머릿결을 강조하여 힘찬 흐름을 강조한다.

무거우면서도 조화롭게 균형을 맞추어 스크래치를 표현한다.

4. Bubble iron winding(버블 아이론 와인딩)

18mm의 아이론을 이용하여 웨이브를 오블롱 형식으로 탑 부분을 올려서 와인딩한다.

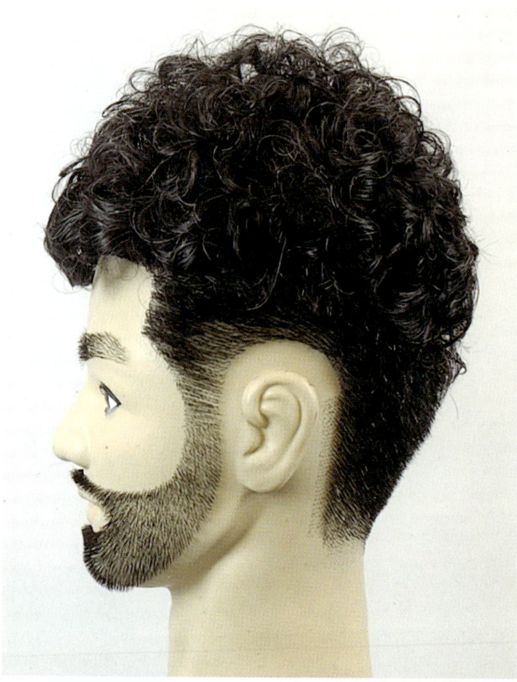

완성된 웨이브를 하나하나 풀면서 탑쪽으로 방향을 올린다.

탑을 높게 표현하며 앞머리의 웨이브는 자연스럽게 떨어지는 스타일로 세팅한다.

탑을 높게 표현하며 사이드 부분은 낮게 밀착시키며 스타일한다.

5. Bubble Dry(버블 드라이)

버블(거품) 드라이는 아이론이나 펌 등 여러 도구를 활용하여 디자인한다.

다이렉트 아이론을 사용하여 지그재그 볼륨을 만든다.

모근 뿌리는 많은 백 코밍을 넣어 최대의 볼륨을 살린다.

디자인 방향으로 빗질을 하여 조화로운 형태의 스타일을 연출하며 비대칭으로도 가능하다.

6. Unbalance two block(투블럭 비대칭)

디자인의 흐름에 맞게 드라이하고 모발을 고정제품으로 마무리한다.	투블럭 부분이 자연스럽게 연결이 되도록 스타일링한다.

앞머리에 각을 주어 남성미가 흐르는 스타일로 만든다.	매끈도에 중점을 두어 마무리한다.

7. 변형 스포츠

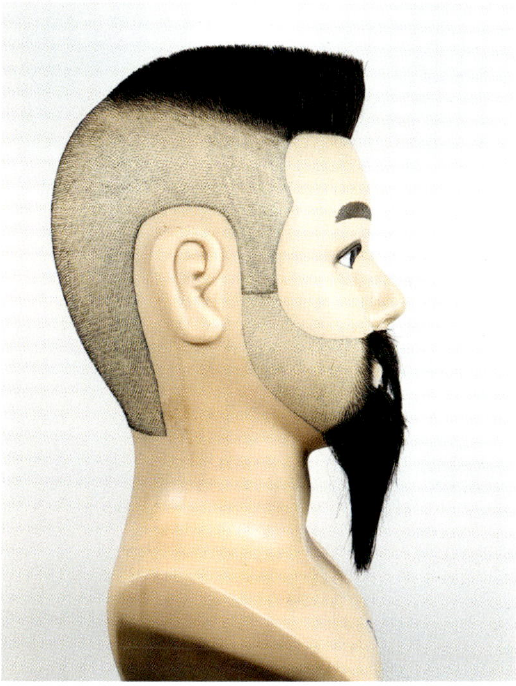

전부두의 머리가 직각이 되게 커트하고 두상의 곡면과 연결되게 커트한다.

두정부와 두정부의 연결성이 자연스럽게 커트하고 드라이한다.

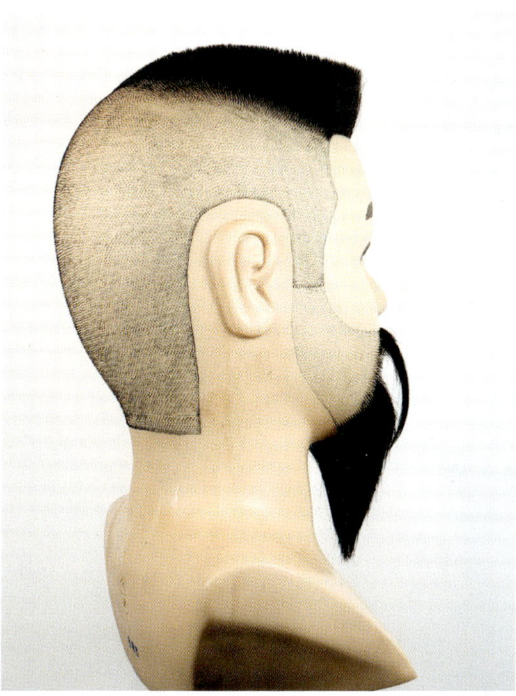

두정부와 측두부는 0mm 클리퍼를 사용하여 커트한다.

수염과 조화가 이루어지도록 수염 매끈도를 높인다.

8. 변형 Mohican scratch(변형 모이칸 스크래치)

중앙의 헤어를 S자로 남기로 전체를 약 9mm 가드를 사용해 클리퍼로 커트한다.

양 사이드 부분을 스크래치하여 모양을 만든다.

드라이를 사용하여 중앙으로 모으며 드라이한다.

네이프와 백 부분은 스크래치와 블로우 드라이의 정교함이 필요하다.

9. Two block all back(투블럭 올백)

덴맨 브러쉬를 사용하여 탑 부분이 평평하게 되도록 드라이한다.

앞면의 각이 생기지 않게 탑높이에 맞추어 드라이한다.

우측면은 탑의 높이에 맞추고 빗살로 모양을 만들며 고정 제품으로 마무리한다.

좌측면 헤어는 맘보 스타일로 낮추며 드라이하여 마무리한다.

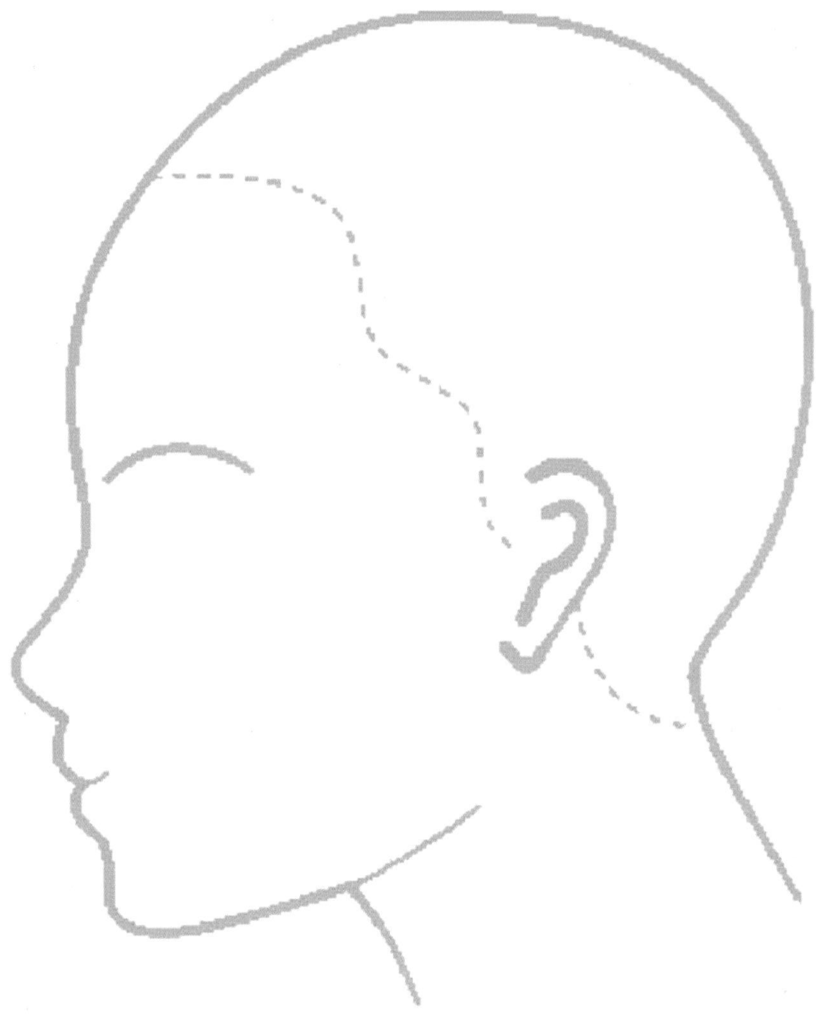

CHAPTER 7

BARBER LOW CUT

바버 로우 컷

1 로우 컷의 정의

로우 커트는 단차를 조금만 잘라주는 커트의 머리형을 말한다. 로우 커트는 귀를 중점으로 시작되는 길이로 점잖은 중년 남성들이 많이 하는 스타일이다.

전두부는 지간깎기와 비슷한 방법으로 커트하며, 무게감을 줄이기 위해 틴닝가위를 사용한다. 숱을 적게 하고 가볍게 하는 스타일이다. 후두부의 높이는 고객의 선호도에 따라 높낮이가 조금씩 다르다.

두정부의 머리는 B.P 부분에 무게감을 주는 헤어스타일이다. 지간깎기와 돌려깎기를 사용하고 적절한 클리퍼 사용으로 한층 더 커트의 완성도를 높인다.

간편하고 쉽게 유지할 수 있으며 머리의 무게감을 주어 볼륨감이 있어 보이는 장점이 있다.

1. Barber low Cut (바버 로우 컷)

커트 전 모습(Before)

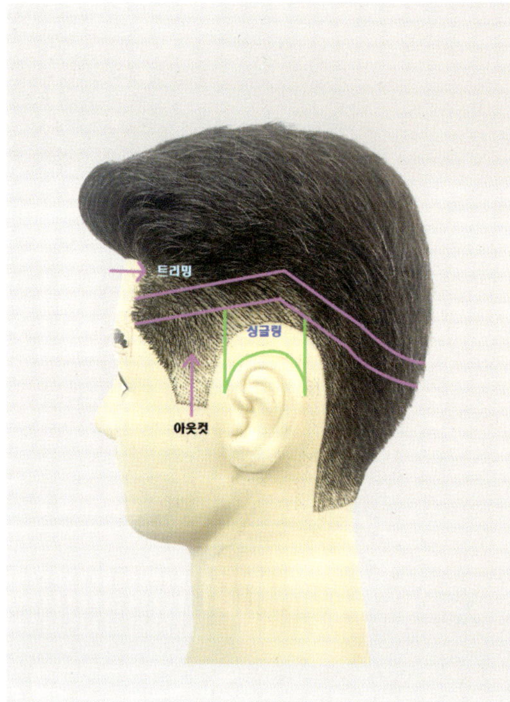

좌 측

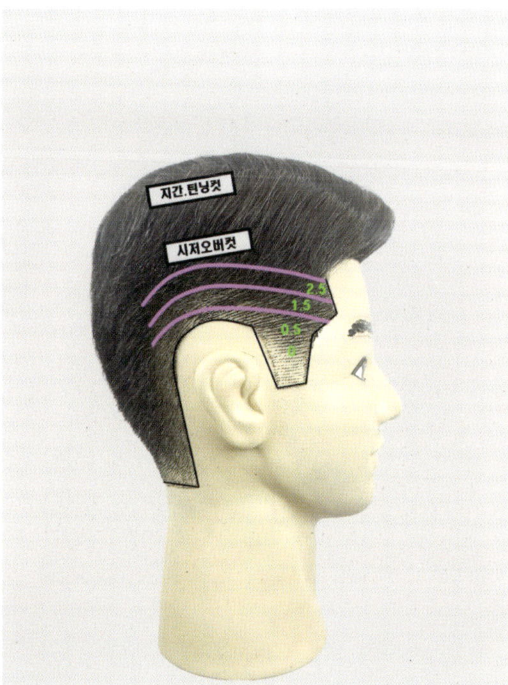

우 측

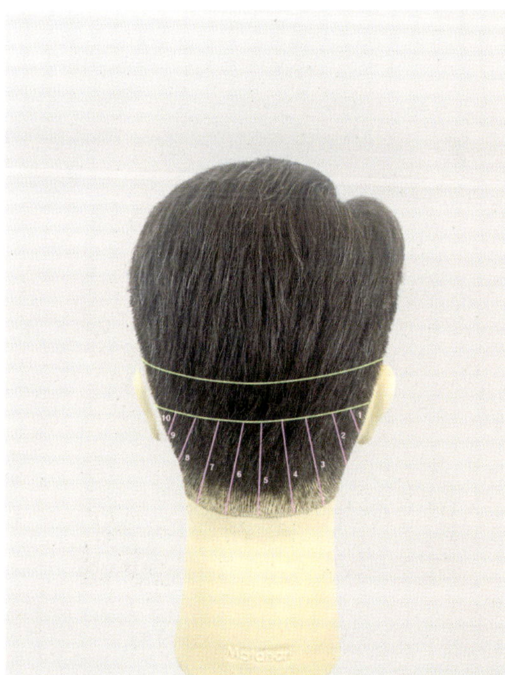

뒷모습

U블럭(2등분)으로 구분한다.

C.P 가이드 길이를 설정한다.

센터부터(C.P) 골덴(G.P)
부분까지 연속 커트한다.

센터 가이드를 기준으로 좌측
코너까지 연결 커트한다.

센터 가이드를 기준으로 우측 코너까지 연결 커트한다.

사이드 가이드는 U라인 코너에서 약 1cm 기준으로 지간커트 각도는 약 45°로 한다.

사이드를 기준으로 하여 이어 포인트까지 연속으로 커트한다.

이어 포인트에서 백 포인트까지 직각 분배로 커트한다.

빗질을 매끄럽고 정확하게 직각으로 빗는다.

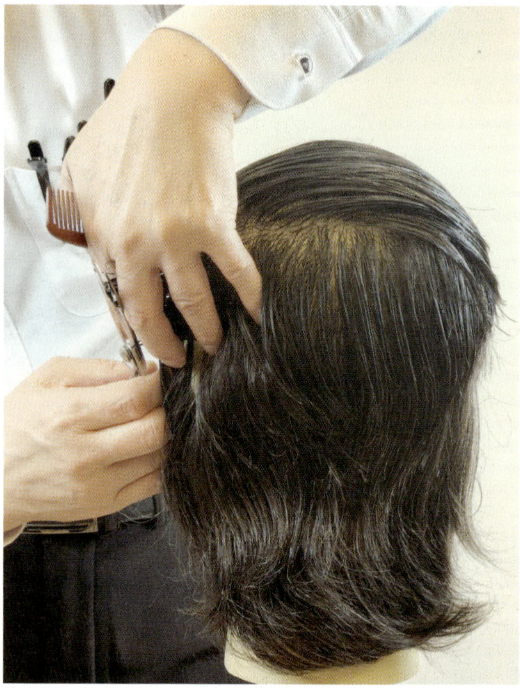

아랫머리가 짧도록 손을 사선으로 들어준다.

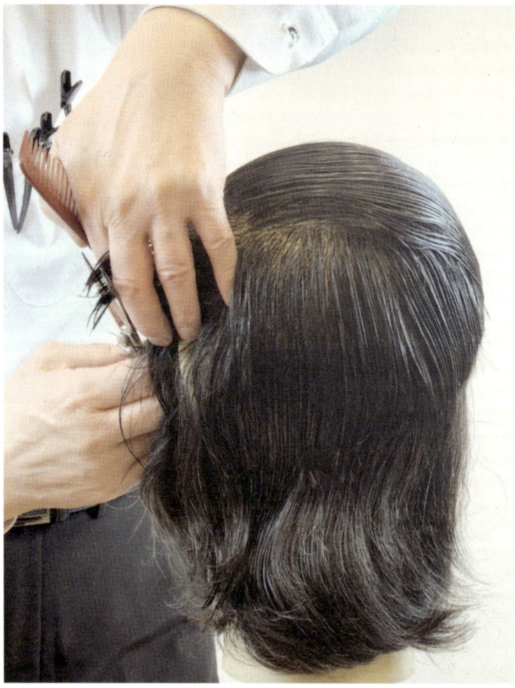

좌측 사이드 부분은 우측 사이드 부분과 동일한 길이로 커트한다.

좌측 사이드 부분은 이어 포인트 지점까지 연결하여 커트한다.

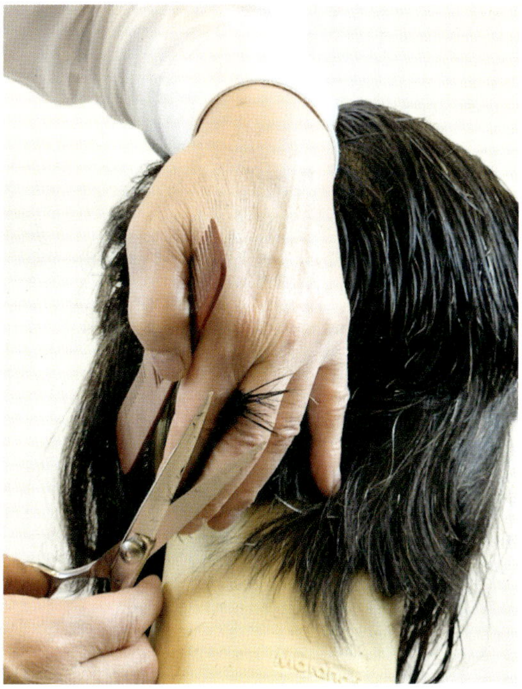

백부분 커트 시 사선 지간 잡기로 커트한다.

네이프 코너는 버티컬로 커트한다.

틴닝 커트 시 체크 커트로 모발을 자연스럽게 커트한다.

센터에서 골덴까지 틴닝가위(술 가위)로 모발 양을 조절한다.

좌측 틴닝 커트 시 사이드
모발양을 감소시킨다.

우측 사이드 방향은 두피
각도에 따라 틴닝 커트한다.

시저스(Scissors) 커트 후 클리퍼로 구렛나루와
모발을 구분한다.

사이드 라인을 정리 시 클리퍼와
두피와의 각도는 약 45°로 한다.

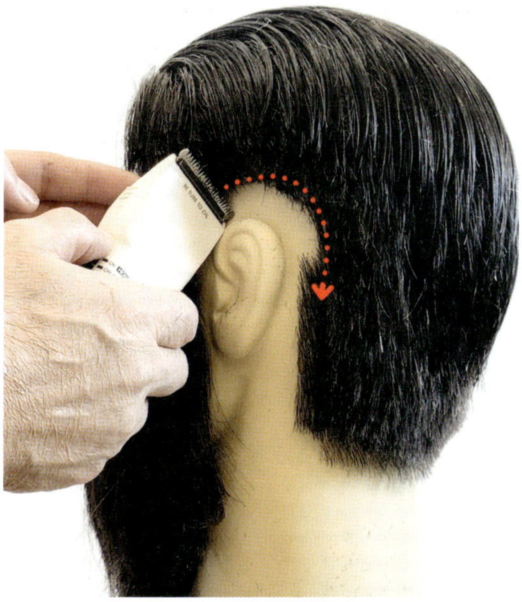

이어 포인트는 곡선이므로 밀착시켜서 조금씩 운행하며 커트한다.

백 사이드에서 이어 포인트 방향으로 진행한다.

햄 라인(Hem line)과 네이프 라인을 깔끔하게 클리퍼로 정리한다.

클리퍼로 네이프부터 백 미디엄까지 시술각도를 조절하여 커트한다.

클리퍼로 네이프 사이드 코너를
사선으로 올려깎기한다.

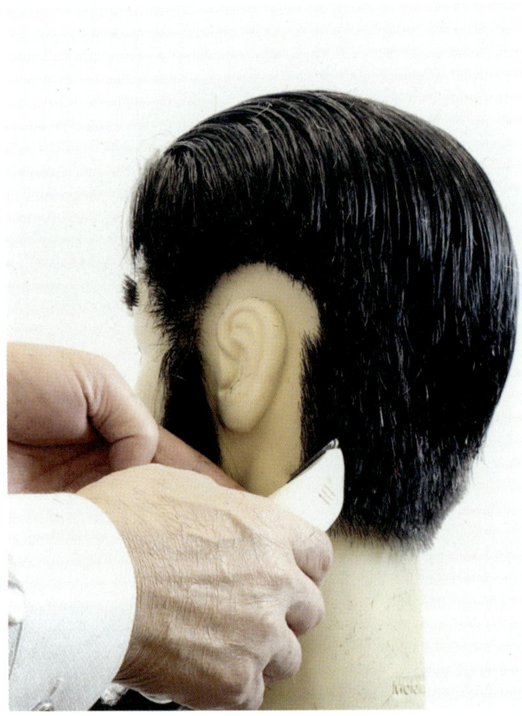

네이프 사이드 부분의 코너는 곡선을 고려해서
커트한다.

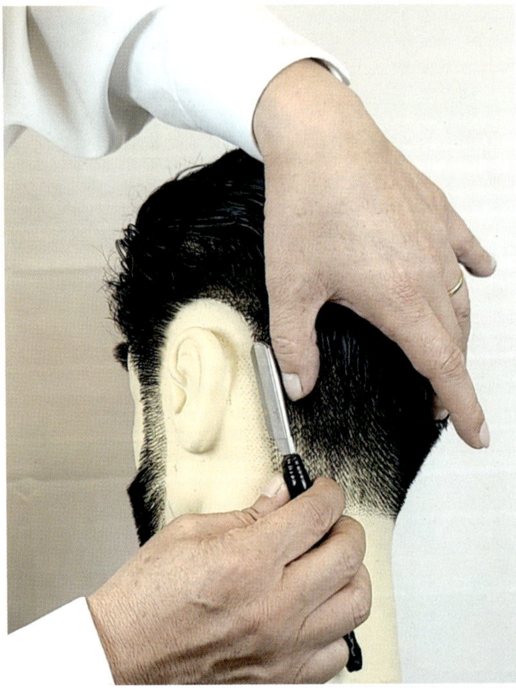

프리 핸드(Free hands)로 주의해서 연모를
정리한다.

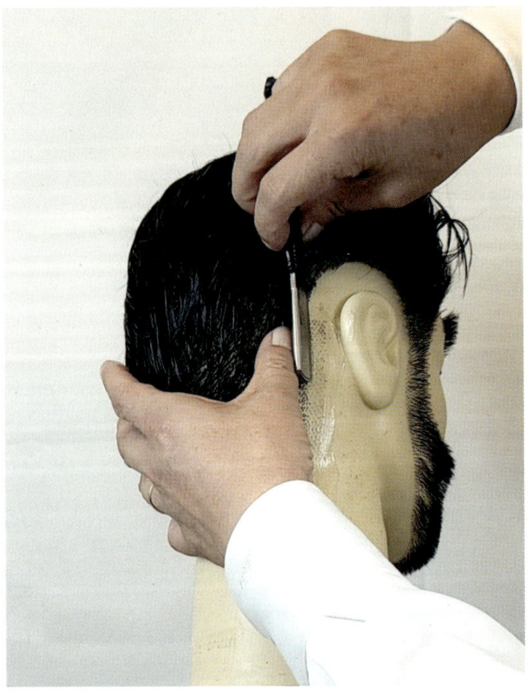

면도 시에 면도크림을 충분히 도포 후 작업하면
면도칼 운행을 원활하게 한다.

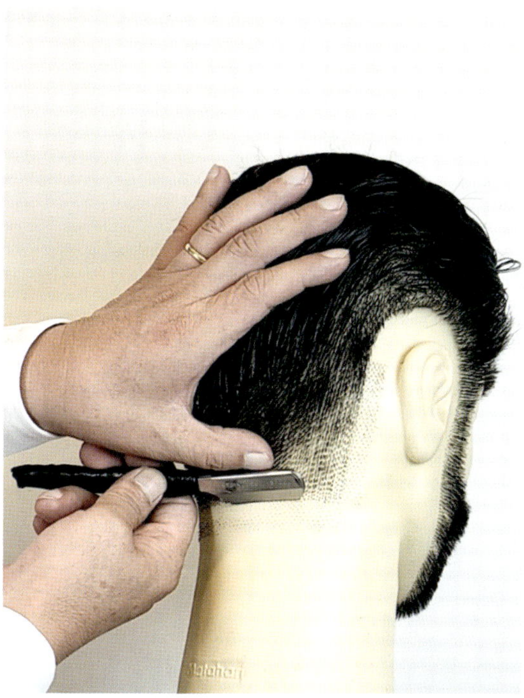

네이프(Nape)와 햄 라인(Hem line)을 구분되게 정리한다.

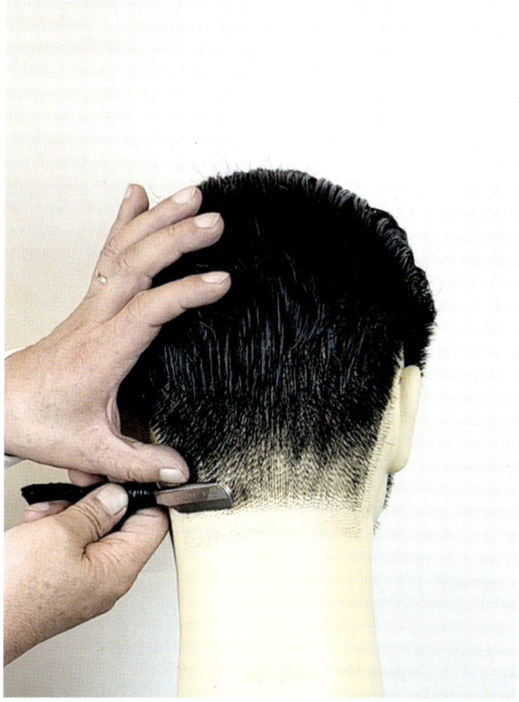

네이프 코너는 고객과 충분히 소통 후 스퀘어(Square)나 라운드(Round)로 한다.

완성된 사진

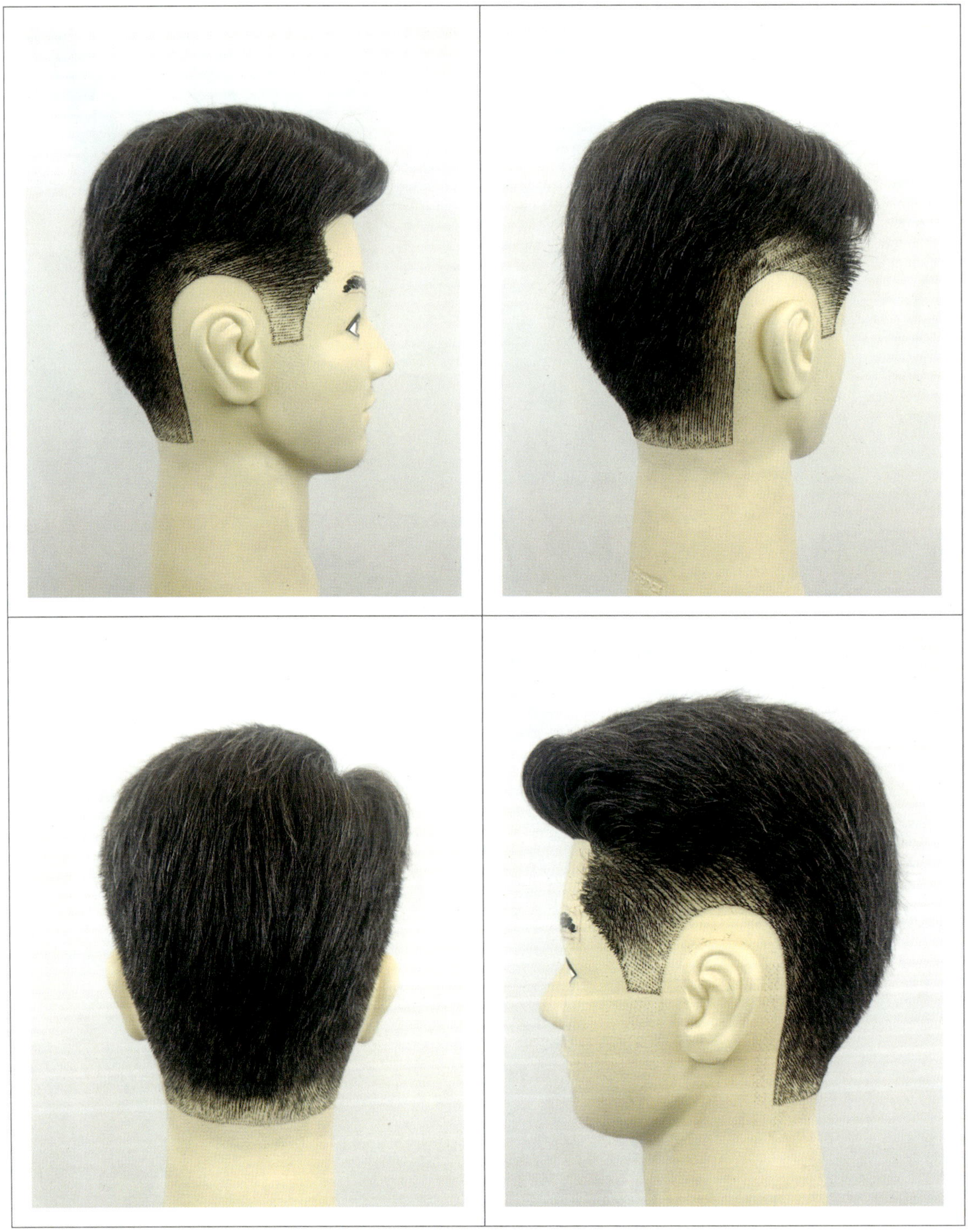

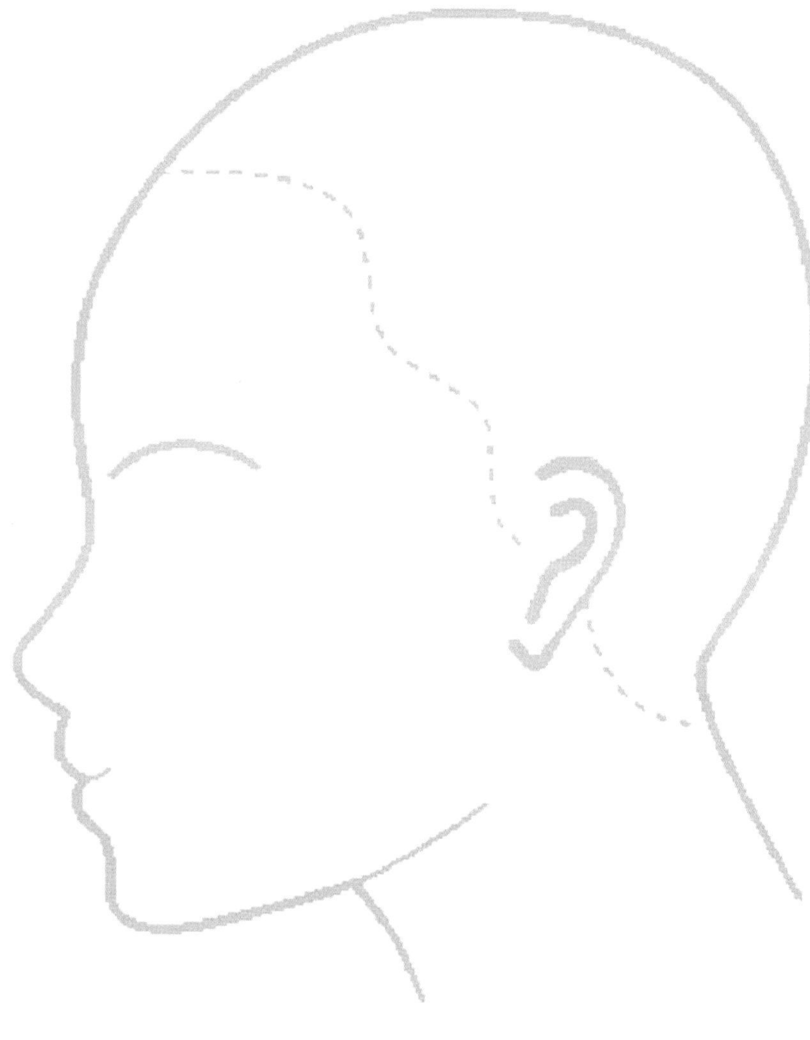

CHAPTER 8
TWO BLOCK CUT
투블럭 컷

1 투블럭 컷의 정의

투블럭이란 헤어 스타일을 두 부분으로 나눈 것을 의미하며, 옆머리와 뒷머리는 짧게 자르는 헤어 스타일로 길이에 따라 여러 형태의 헤어디자인이 가능한 스타일이다.

모발의 길이에 따라서 비대칭으로 내린 투블럭 헤어 스타일, 댄디 투블럭, 소프트 투블럭, 올백 투블럭, 투블럭 펌 등이 있다.

이미지에 따라서 섹시한 스타일, 귀여운 스타일, 남성 다운 스타일 등 여러 가지 변신이 가능한 헤어스타일이다. 남성들이 많이 하는 헤어 스타일이지만 최근에는 개성있는 여성들도 하는 추세이다.

좌측 사이드와 우측 사이드 뒷부분 커트 시 클리퍼에 3mm, 6mm, 9mm, 12mm 가드를 사용하며, 윗머리는 가위와 레이저도 사용이 가능하다.

1. Two block cut(투블럭 컷)

크레스트(Crest) 아래 후두부 모발을 클리퍼로 커트한다.

후두부 클리퍼(Clipper)로 커트 시 수직 커트한다.

오른쪽 사이드의 두피에 빗을 대고 클리퍼로 커트한다.

오른쪽 사이드 커트 시 빗을 두피에 밀착 고정하여 커트한다.

왼쪽 사이드에서 이어 백(Ear back) 방향은 사선으로 체크 커트를 한다.

왼쪽 사이드에서 이어 백 방향은 수평으로 체크 커트를 한다.

이어 백 사이드(Ear back side)는 사선 커트로 모발 길이를 체크 진행한다.

네이프(Nape)는 수평으로 커트하며 두피의 명암을 확인하며 커트한다.

사이드(Side)에서 후두부(Back)로 이동하며 사선으로 커트를 반복한다.

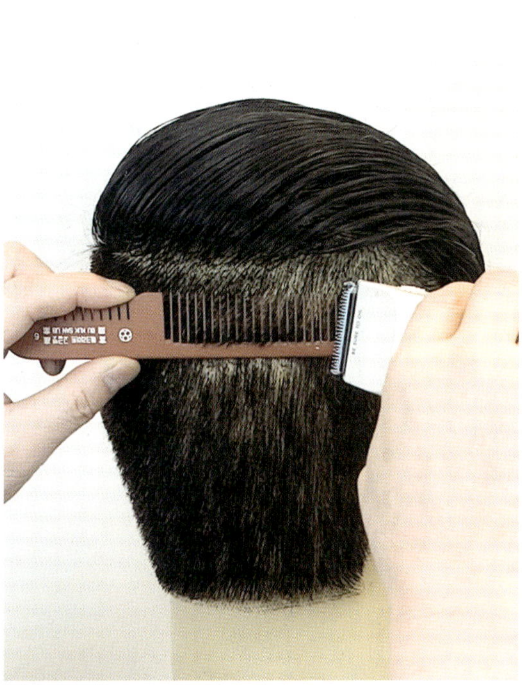

후두부에서 수평 커트로 전환하여 반복 커트한다.

오른쪽 사이드는 수평 커트로 체크를 한다.

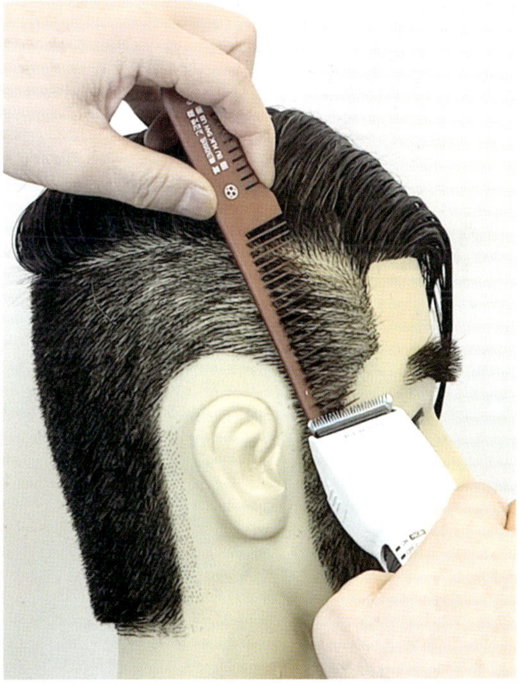

오른쪽 페이스 라인(Face line)은 사선 커트를 진행하며 마무리한다.

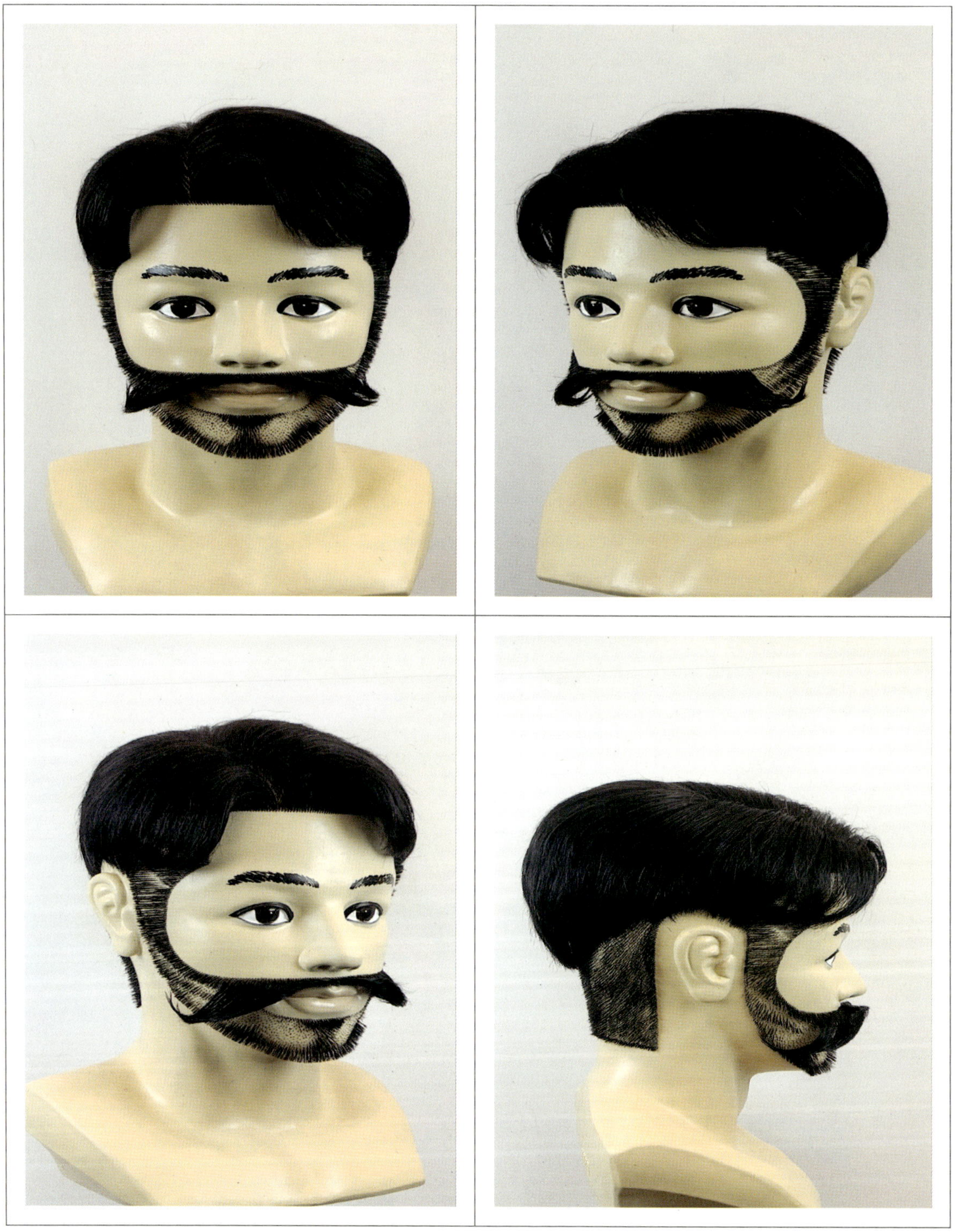

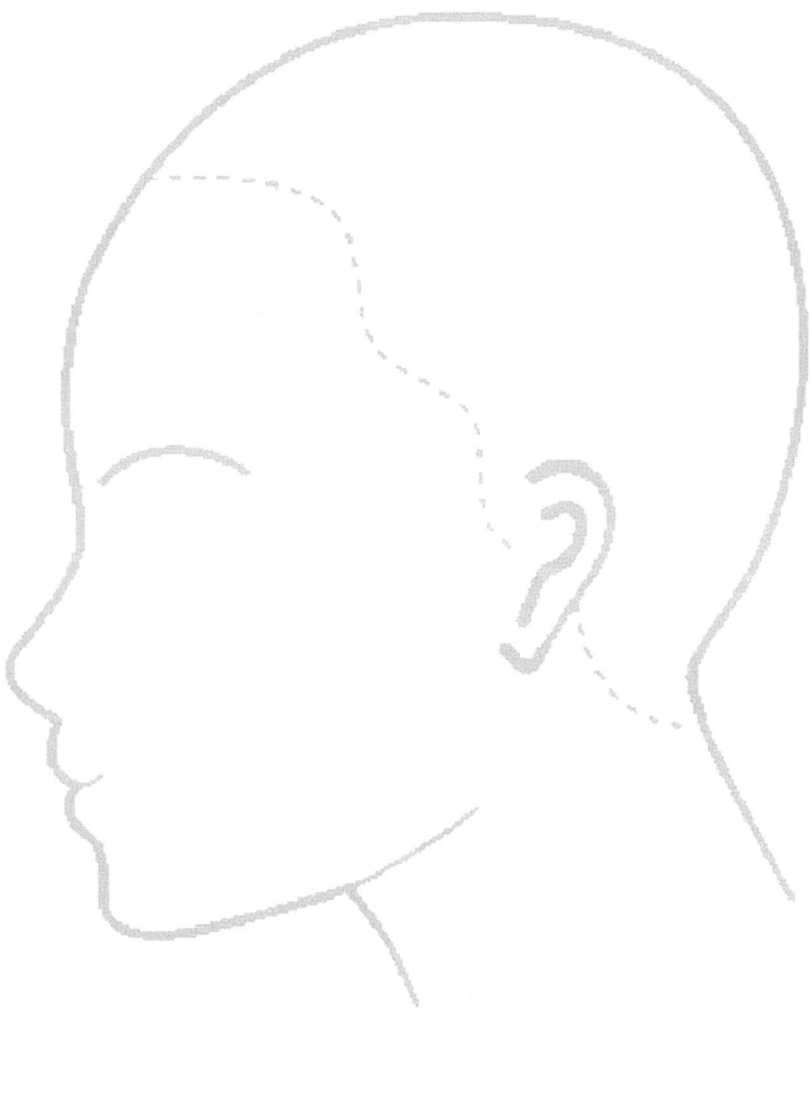

CHAPTER 9

MOHICAN BLOW DRY

모히칸 블로우 드라이

1
모히칸 블로우 드라이의 정의

모히칸 블로우 드라이는 헤어 드라이의 한 종류이다.

머리 중앙선 외에는 전부 삭발하고 남은 머리를 닭벼슬처럼 세우는 머리 스타일이다. 직모일 경우 단정한 머리 스타일을 원한다면 짧고 굵게 삭발 모히칸 커트를 하는 것이 좋다.

염색을 하지 않은 단정한 모히칸의 경우, 양복이나 턱시도 의상과도 잘 어울리며, 특히 짧은 모히칸을 하면 전사 같은 분위기와 동시에 단정한 이미지도 줄 수 있다. 또한 결혼식이나 파티, 무도회 때 정장을 깔끔하게 차려입으면 잘 어울린다. 블로우 드라이를 할 때는 속도, 온도, 텐션, 습도, 각도를 적절히 조절해야 한다.

1. Mohican Blow Dry(모히칸 블로우 드라이)

완성된 모습

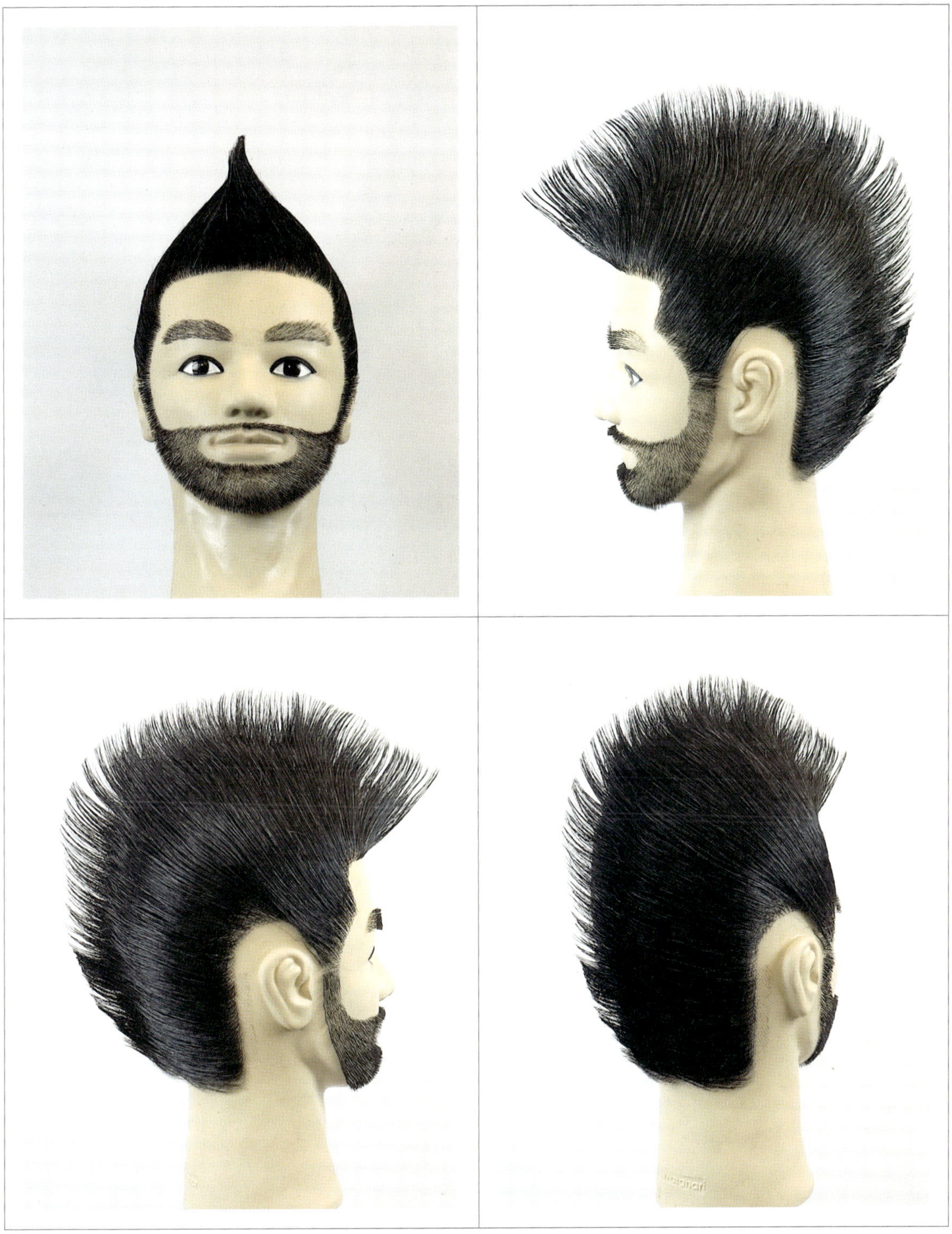

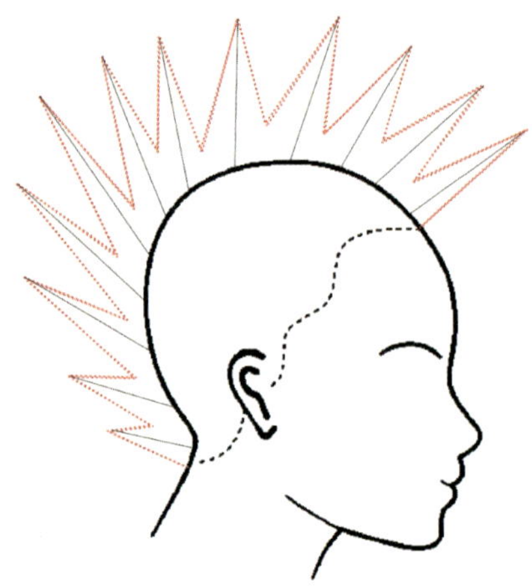

도해도

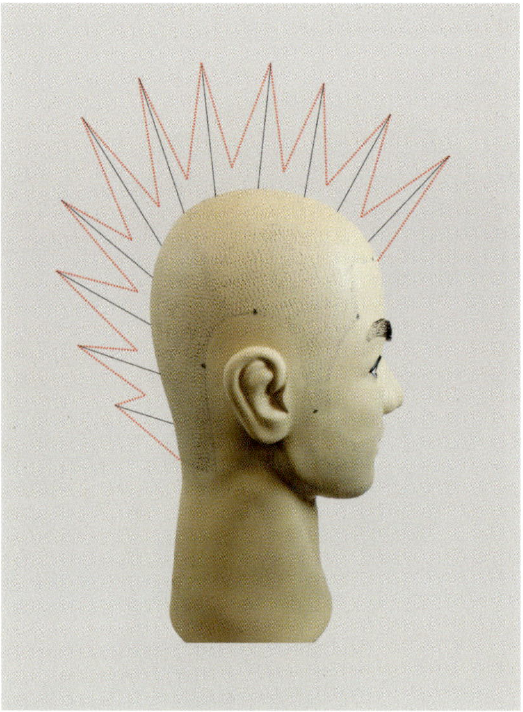

마네킹 도해도

드라이기를 수직으로 세워주고
모발이 밀착되게 드라이한다.

드라이는 한곳으로 집중해 모발을
빗으며 방향을 잡아준다.

빗질을 반복해서 모발을
두피에 밀착시킨다.

모발이 겹친 지점은 빗의
평면을 이용하여 드라이한다.

드라이 바람의 방향은 사선으로 하고 바람이
분산되지 않게 한다.

백 네이프 부분은 뒷모습을 결정짓는 곳으로
반복해서 드라이한다.

좌측 드라이는 페이스 라인에
집중 밀착시킨다.

드라이를 두피에 밀착 시에는 열화상이 없도록
드라이 각도를 조절한다.

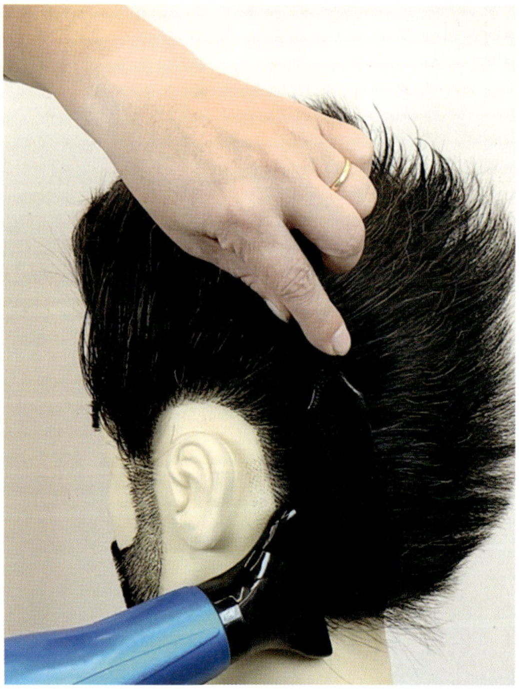

백 사이드 모발은
정중선 방향으로 드라이한다.

모발이 겹쳐서 많은 부분은 반복 작업으로
모발을 깔끔하게 정리한다.

모히칸을 결정하는 곳으로 높이, 형태, 매끈도를 조절하여 드라이한다.

정중선 방향으로 갈수록 브러쉬는 들어주고 바람은 한곳으로 집중한다.

마무리 작업으로 외곽 라인을 점검한다.

최종 마무리 작업으로 센터 포인트(C.P) 높이를 조절하며 완성한다.

모히칸 그림으로 완성하기

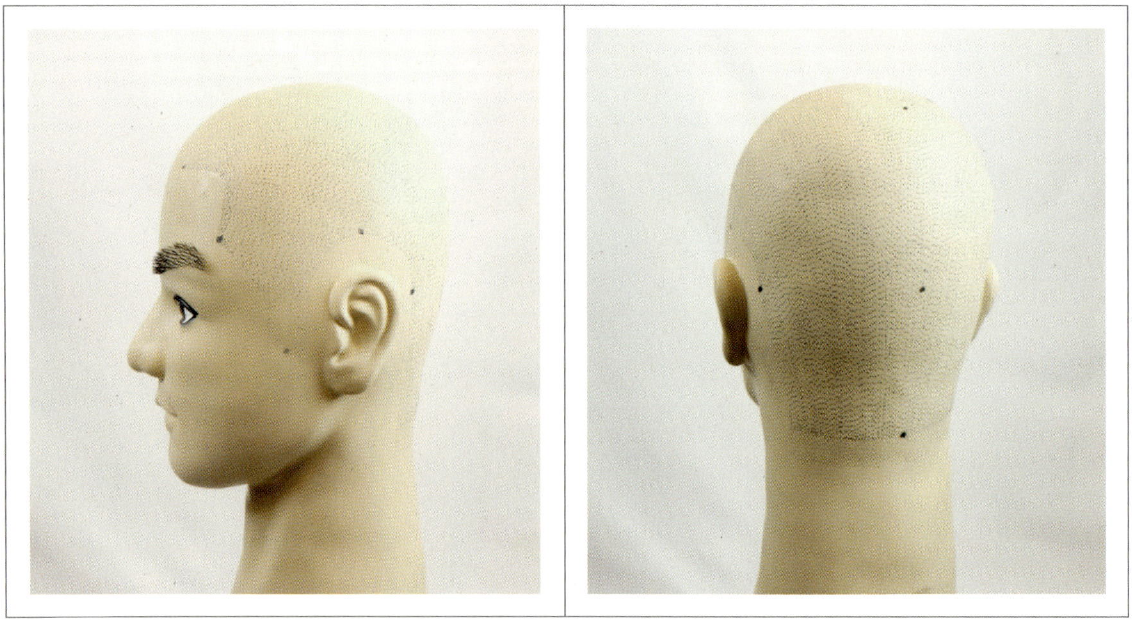

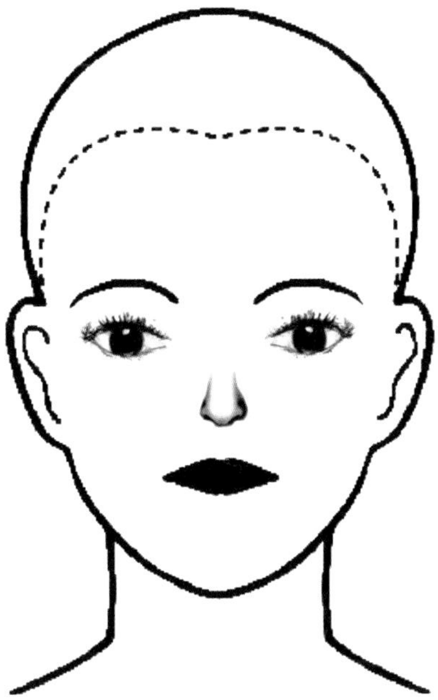

CHAPTER 10

MEN'S BEARD

남성 수염

1 남성 수염의 정의

수염이란 얼굴, 턱, 입술 주변 등에 자라는 털을 말한다. 수염은 남성들 사이에서 인기 있는 스타일 중 하나이다. 수염의 모양과 길이는 사람마다 다르며, 일부 사람들은 수염을 자르거나 면도하기도 한다. 보통 성인 남자의 상징으로 종교적이나 문화적으로 개인의 취향에 따라 변화해왔다.

문화적 특성이나 성인의 상징으로도 인식되는 스타일은 직업, 편리성, 개성표현, 본인의 장점이자 자존심을 표현하기도 한다. 수염이 너무 길거나 불규칙하게 자라면 다모증이 생길 수 있다.

턱수염의 경우 외형을 볼 때 지저분하게 느껴질 수 있지만, 면도를 해야 더 깔끔하며, 턱수염을 핀셋으로 뽑으면 상처 등과 같은 부작용이 생길 수도 있다. 턱수염을 핀셋을 이용하여 자주 뽑으면 턱의 피부가 늘어나는 문제점이 생길 수도 있다.

수염(鬚髥)은 본래 두 가지 털을 합쳐 이르는 말로서, 입가에 나는 털이 수(鬚)이고, 뺨이나 턱에 나는 털이 염(髥)이다. 이밖에 귀밑 쪽으로 나는 털은 빈(빔)이라 한다.

수염의 유래는 정확하지 않지만, 시대가 흘러가면서 현대 시대는 수염의 형태가 다양해지고 관리하기 편해지며, 본인의 개성과 포인트를 주는 상징이 되고 있다.

2
면도의 역사

기원전부터 시작된 면도는 조개껍데기·석영 등을 날카롭게 다듬어서 머리나 수염을 다듬거나 깎았으며, 정교하지 못해 상처가 많은 편이었다.

1600년 전에는 이발소에서 머리도 깎고 치료도 받았다. 1804년에는 프랑스의 장 바버라는 사람이 겸업을 거부하고, 최초의 이발만 분리하는 전문매장으로 이발소를 바버샵이라는 단어로 사용하였다.

3
한국 수염의 역사

한국 남성의 수염 스타일은 시대와 문화에 따라 변화했다. 1960년대부터 1980년대까지는 깔끔하고 짧은 수염이 유행했으며, 1990년대에는 긴 수염이 유행했다. 2000년대 이후로는 다양한 수염 스타일이 등장하고 있다.

수염을 기르는 것이 대중적으로 인정받기 시작한 것은 최근 몇 년 사이이다. 수염을 기르는 이유는 다양하지만, 대부분은 개성을 표현하거나, 멋있게 보이기 위해서이다.

한국의 경우 턱수염이 왕의 아이콘으로 인식하고 있기 때문에 실제로 한국 사람들은 수염을 기르는 사람이 거의 없거나 극소수이며, 일본과 중국도 수염 기르기를 잘 하지 않는 편이다. 북유럽 사람들 중 일부는 턱수염을 매우 길게 길러 댕기와 같은 모양으로 땋기도 한다.

수염은 남성마다 다를 수 있다. 면도를 매일 하는 사람, 2일 한 번 하는 사람, 일주일에 한 번 하는 사람, 또한 일회용 면도기를 쓰는 사람, 일도기를 쓰는 사람, 전기면도기를 쓰는 사람, 개인마다 관리 방식이 다르기 때문이다.

성인이 되면서 남성은 몸 전체에 털이 자라나기 시작한다. 특히 얼굴 전체 이마, 눈, 코, 얼굴, 구렛나루, 입 주변, 턱수염, 등으로 구분하며, 긴 수염, 짧은 수염, 조각 수염, 전체 쉐이빙 등으로 구분된다.

수염 스타일은 개인의 취향과 얼굴형에 따라 다르기 때문에, 일반적인 특징을 나열하기는 어렵다. 대체로 대감수염(힙스터 스타일)이며, 턱수염과 콧수염을 분리해서 기르는 스타일이다. 수염을 기르는 사람들이 가장 선호하는 모양은 턱이 넓고 얼굴형이 큰 편인 한국 남자들에게 잘 어울리는 스타일이기도 하다.

수염을 자르는 방법은 다양하다. 수염을 자르기 전에 먼저 수염을 세정하고 건조시키는 것이 중요하다. 이후에는 수염을 모양에 맞게 자르기 위해 가위나 전동 클리퍼를 사용할 수 있다. 수염을 자르기 전에는 수염의 길이와 모양을 결정하는 것이 중요하다. 전동 클리퍼를 사용할 때는 가드를 사용하여 수염의 길이를 조절할 수 있다.

수염의 길이를 조절한 후에는 수염의 모양을 결정한다. 수염의 모양을 결정할 때는 수염의 길이, 수염의 모양, 얼굴의 형태 등을 고려해야 한다.

4 쉐이빙 종류 및 도구

1) 쉐이빙의 종류

(1) 전기면도기: 전기를 사용하여 회전식, 진동식으로 구분한다.

① 회전식: 날이 회전하며 수염을 커트한다.

② 진동식: 날이 앞, 뒤로 진동하며 수염을 커트한다.

(2) 안전면도기(일회용): 날이 노출되지 않아 상처를 줄일 수 있다.

(3) 면도칼을 직접 사용하는 면도기(일도): 요즘 일반인은 거의 사용하지 않고 바버숍에서 전문가들이 많이 사용한다. 가장 깔끔하게 면도하는 장점이 있다.

(4) 카트리지 면도기: 돌출된 카트리지에 면도날이 달려있어 안전하게 면도가 가능하다. 카트리지는 소모품으로 교체 사용할 수 있다.

(5) 기타 윗 면도기, 드라이 면도기, 배드거 타입 면도기 등이 있다.

5 수염의 모형별 분류

분 류	형 태	특 징
콧수염	코밑으로 자란 수염	인중(윗입술) 주변 및 코 주변으로 분포함
턱수염	아래턱(하악골)에 자란 수염	턱 주변으로 가장 많이 분포함
구렛나루	귀밑에서 볼까지 자란 수염	개인 특성에 따라서 선호도가 다름
혼합형	코, 턱, 구렛나루, 여러 형태의 혼합형	여러 가지 형태의 조합

6 수염의 형태

분 류	형 태	특 징
내추럴	자연 수염	수염이 자라는 대로 방치한 형태
둥근형	둥근 수염	입부터 턱 주변까지 둥근 모양으로 다듬는 수염의 형태
삼각형	입을 중심으로 한 삼각형 수염	입 중심으로 외형을 삼각형으로 다듬는 형태
역삼각형	외형이 역삼각형인 수염	입 중심으로 외형을 역삼각형으로 수염의 끝이 모인 형태
사각형	턱에서 구렛나루 외형이 사각형인 수염	구렛나루와 턱까지 연결된 형태

7 쉐이빙 종류

1) 면도날 쉐이빙: 전통적인 방법으로 볼 수 있다. 면도크림이나 쉐이빙 폼을 사용한 후 온습포를 이용하여 수염을 부드럽게 하고 면도칼로 연모, 강모를 세밀하게 정리할 수 있다. 피부에 상처를 줄 수 있어 면도칼 사용에 세심한 주의가 필요하다.

2) 전기면도기 쉐이빙: 전기면도기는 휴대가 편리하고 사용이 비교적 편리한 것이 장점이며, 빠르게 정리하는데 효과적이다. 바쁜 현대사회에서 가장 넓게 보편적으로 사용되는 기계이다.

3) 왁싱 쉐이빙: 한 번에 수염을 제거할 수 있어서 좋으나 피부에 통증 부담이 크다.

4) 크림 쉐이빙: 특수 크림을 도포 후 수염을 제거하는 방법으로 피부에 부담을 줄 수 있다.

5) 레이저 쉐이빙: 레이저를 이용하여 수염을 제거하는 방법으로 여러 차례 시술하면 피부에 부담이 클 수 있다.

8

수염의 종류

1) 풀 비어드(Full Beard): 수염을 전체적으로 기르는 긴 수염 형태이다.

2) 수염 없음(Clean Shaven): 전체적으로 완전히 수염을 면도하는 형태이다.

3) 콧수염(Moustache): 인중(입술 위) 부위에 있는 수염 형태이다.

4) 구티 수염(Goatee): 콧수염과 턱수염이 둥글게 연결되는 형태이다.

5) 밴 디크 수염(Van Dyke Beard): 하악골(아래턱)과 콧수염을 분리하여 기르는 형태이다.

6) 앵커 수염(Anchor Beard): 하악골(아래턱)과 콧수염을 연결하여 앵커형으로 만든 형태(배 닻의 모양을 따라 함)이다.

7) 황제 수염(Mutton Chops): 얼굴(뺨)부터 하악골(아래턱)까지 수염을 기르고 콧수염은 없는 형태이다.

8) 임페리얼 수염(Imperial Beard): 콧수염과 하악골(아래턱) 수염은 연결되고 얼굴(뺨)의 수염은 기르는 형태이다.

9) 코르사르 수염(Balbo Beard): 턱수염과 콧수염을 분리하여 기르는 형태이다.

10) 페인터 수염(Painter's Beard): 입술 위에 넓게 수염을 기르는 형태이다.

11) 덕테일 수염(Ducktail Beard): 하악골(아래턱) 수염이 오리꼬리 모양으로 둥글려진 형태이다.

12) 페더럴 수염(Friendly Mutton Chops): 황제 수염에서 콧수염이 추가된 형태이다.

13) 깔갈이 수염(Chin strap Beard): 하악골(아래턱) 라인을 따라서 기르는 형태이다.

14) 친 커튼(Chin curtain): 턱에서 구렛나루까지의 머리카락을 짧게 자른 형태이다.

15) 힙스터(Hipster): 콧수염과 턱수염 그리고 구렛나루를 모두 기른 형태이다.

16) 프티트 쿠티(Petite guti): 콧수염과 턱수염을 함께 기른 스타일 중 하나로 두 가지 길이의 수염을 섞어서 연출한 형태이다.

17) 숏 비어드: 짧은 수염 스타일로 약 5일 정도 자란 수염과 같은 길이의 형태이다.

18) 스크래피 비어드: 2주에서 4주 정도 자란 수염으로, 불규칙한 모양과 길이를 가지고 있는 형태이다.

19) 커브드 비어드: 수염의 길이와 모양이 고르지 않은 불규칙한 수염의 형태이다.

20) 구렛나루: 귀밑에서 턱까지 얼굴 주위로 잇따라 난 수염이다.

21) 탑삭나루: 입과 턱 주위에 덥수룩하게 난 수염이다(수염이 가장 많은 부분은 하악골).

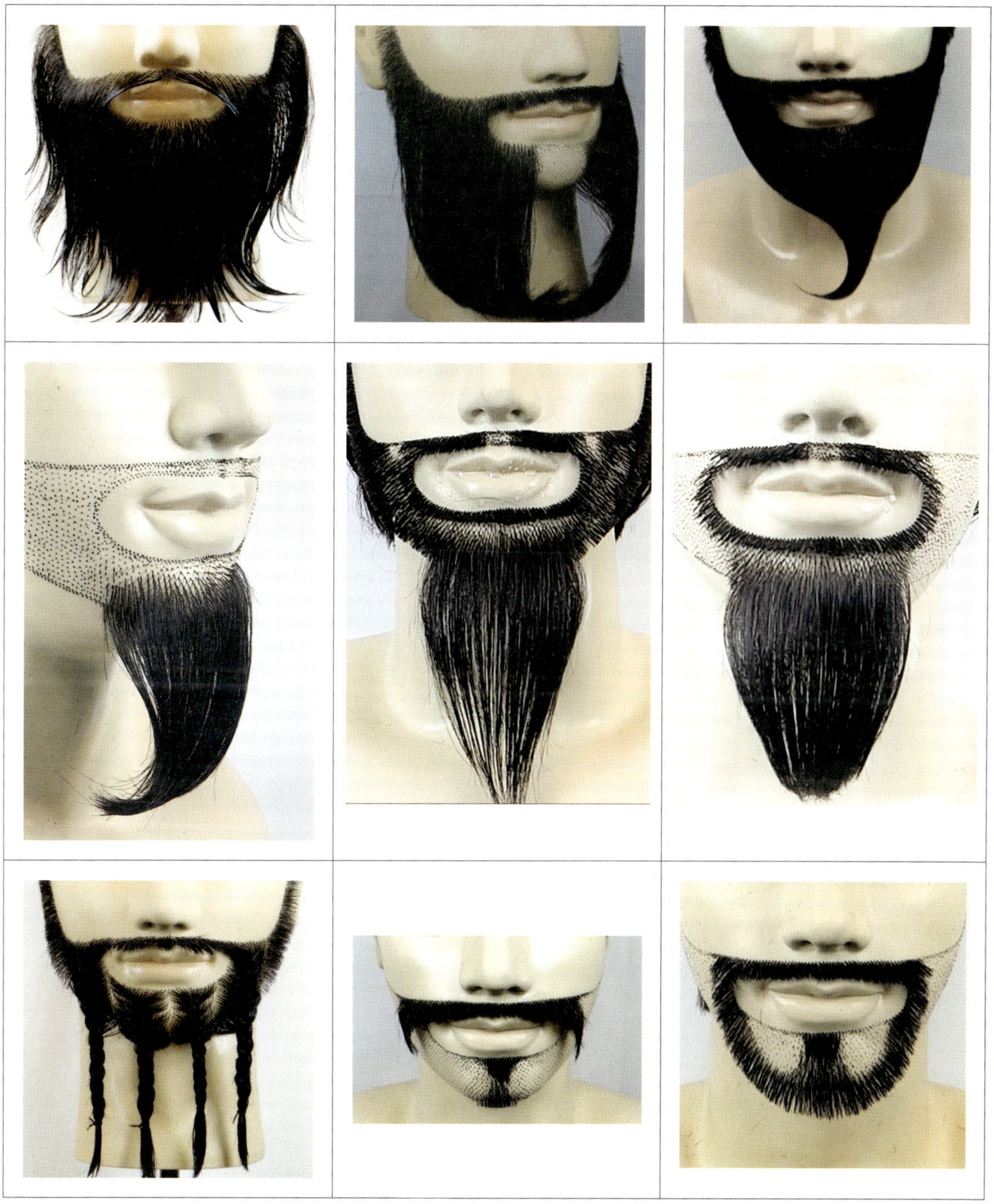

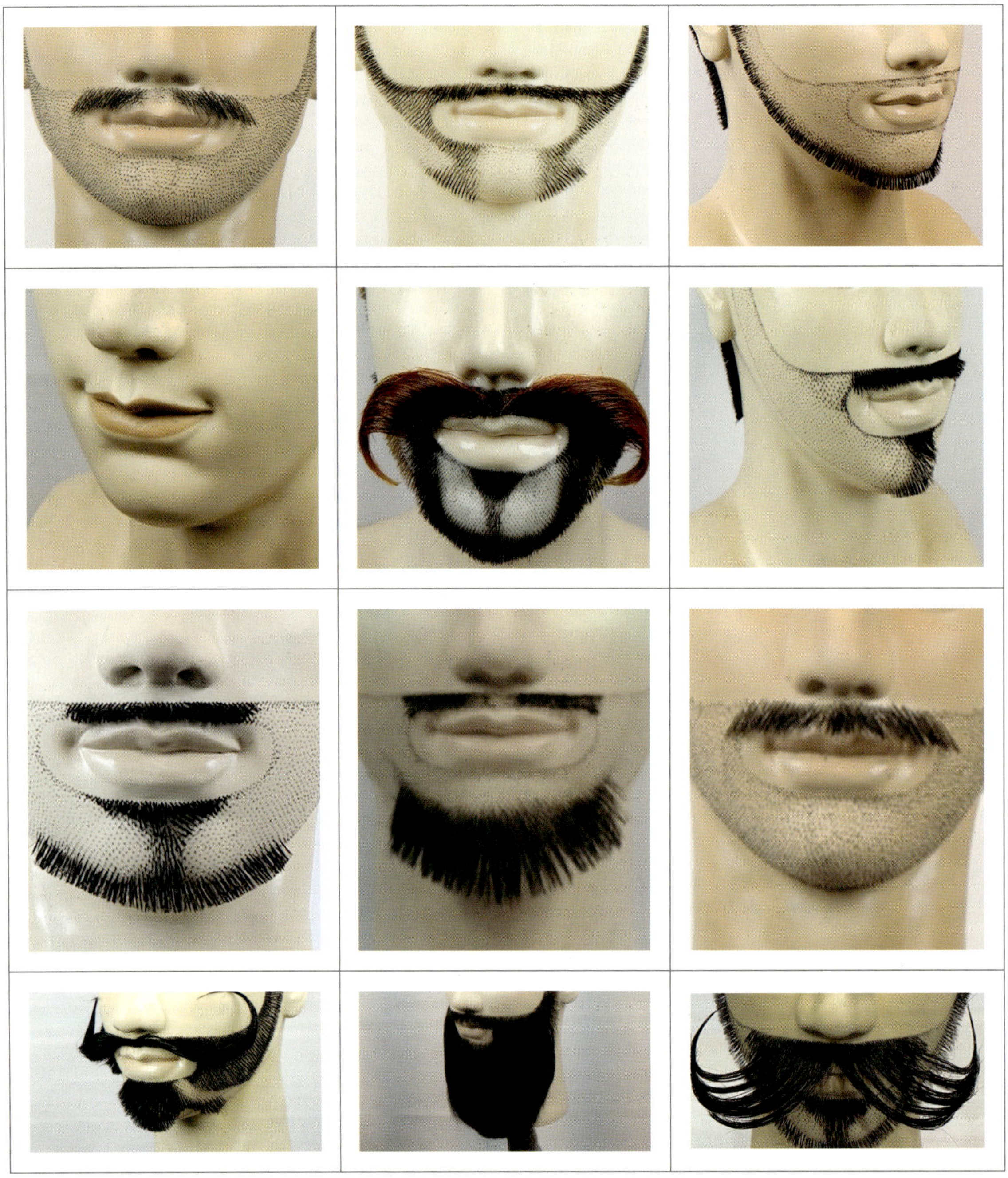

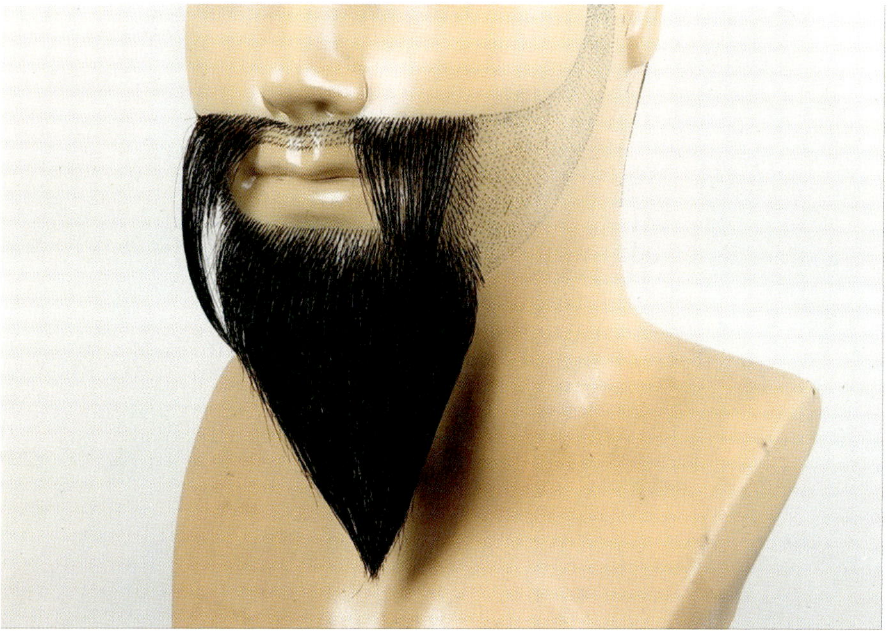

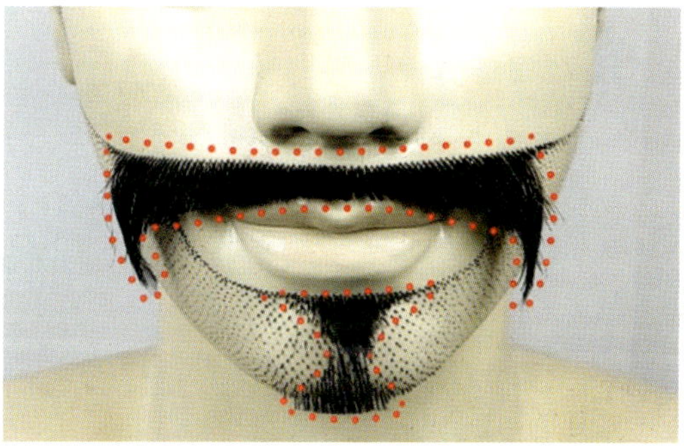

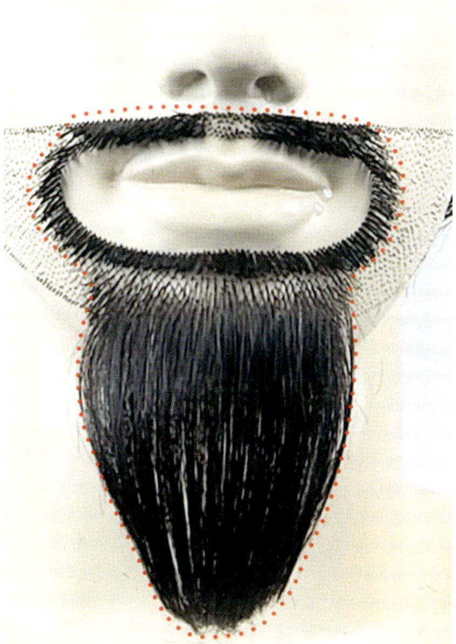

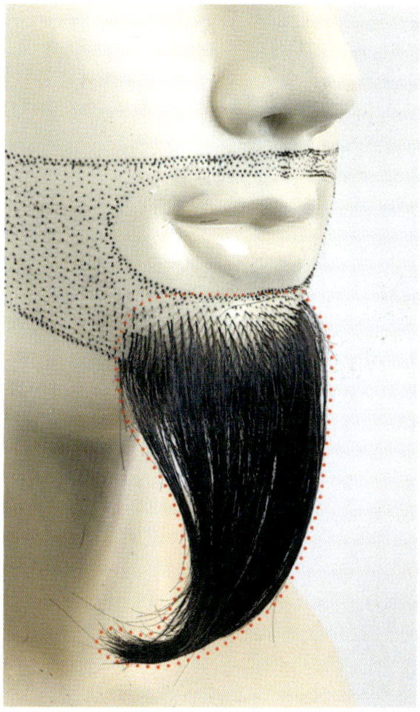

9

수염의 특징

형 태	특 징
	**Chin curtain** **(친 커튼 스타일)** 수염을 자연스럽게 기른 스타일
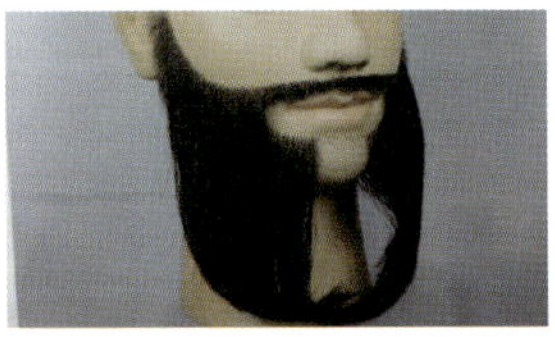	**Fullbeard** **(풀비어드 스타일)** 연극, 영화 수염의 근엄함을 표현한 스타일
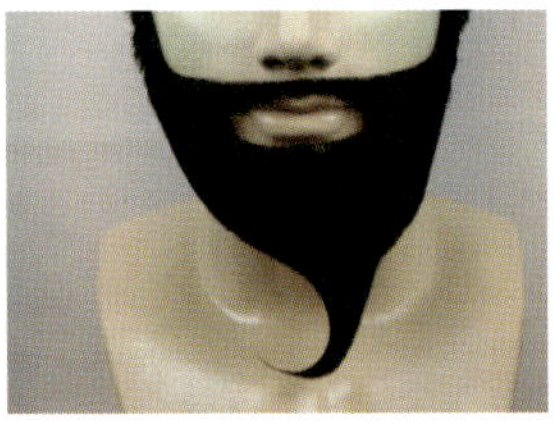	**Fullbeard** **(풀비어드 스타일)** 구렛나루부터 턱선 라인까지 이어지는 긴 수염을 깔끔하게 정리한 스타일

	**Chin curtain+Goatee** **(친 커튼+쿠티)** 힙한 브레이드(Braid) 스타일
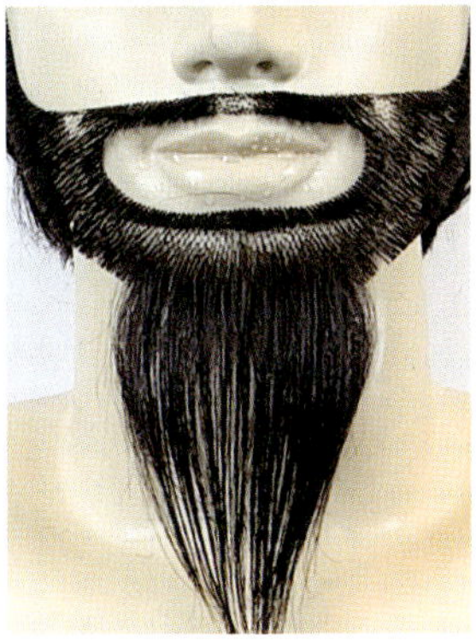	**Chin curtain+hipster** **(친 커튼+힙스터)** 볼 쪽에 조각 형태를 내고 턱수염을 표현한 스타일
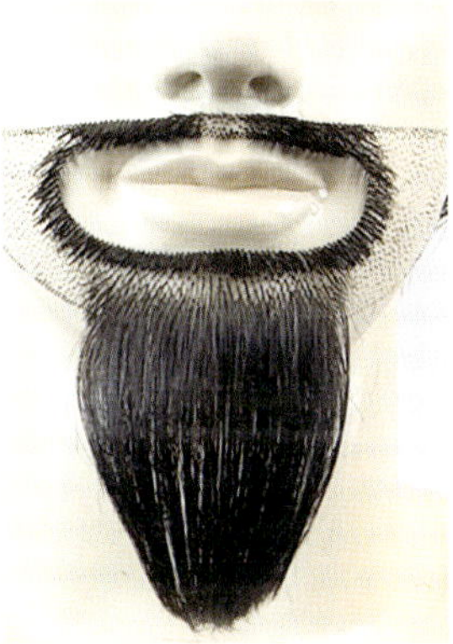	**Goatee Style(구티 스타일)** 콧수염과 턱수염이 연결되어 입 주변을 따라 동그랗게 연결된 스타일
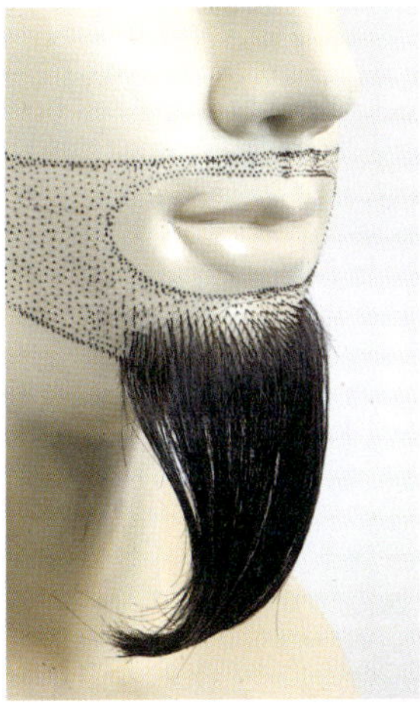	**Petite Goatee(프티트 구티)** 턱밑에만 수염을 기른 스타일
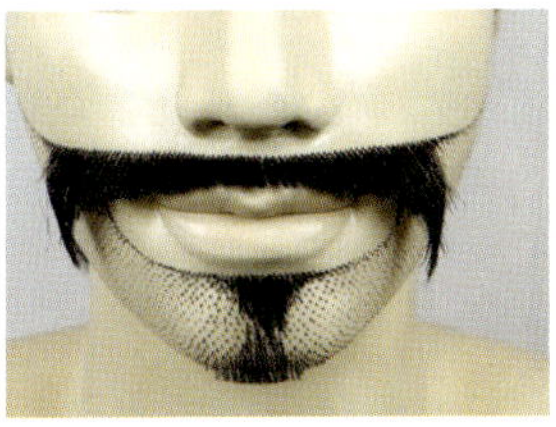	**Hipster Style-1** **(힙스터 변형 스타일)** 콧수염과 턱수염을 모두 길러서 두 수염을 분리해 관리하는 스타일

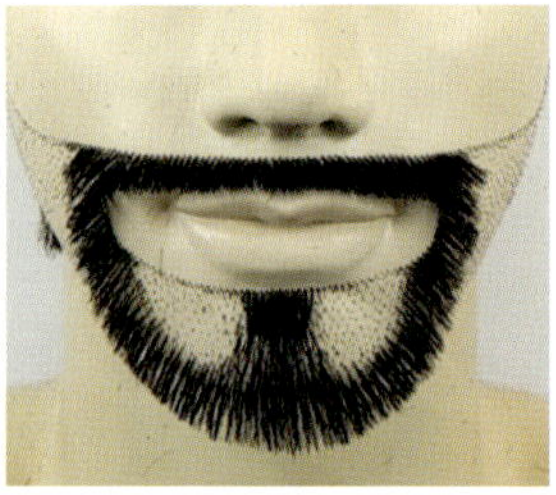	**Goatee Style(구티 스타일)** 콧수염과 턱수염이 연결되어 입 주변을 따라 동그랗게 연결된 스타일
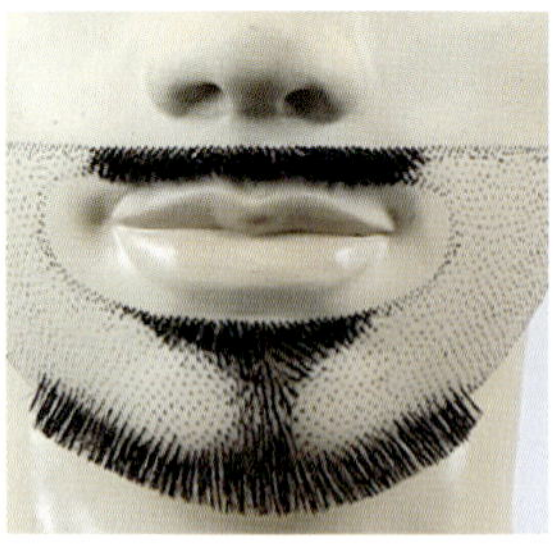	**Goatee+hipster Style** **(구티+힙스터 스타일)** 콧수염과 턱수염을 모두 길러서 두 수염을 분리해 관리하는 스타일
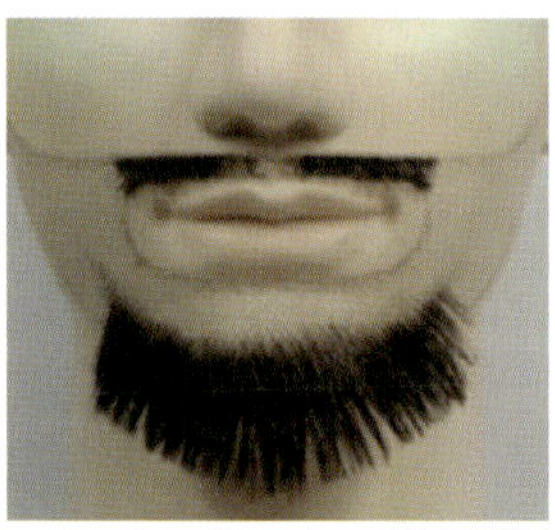	**Goatee+hipster Style** **(구티+힙스터 스타일)** 콧수염과 턱수염을 모두 길러서 두 수염을 분리해 관리하는 스타일
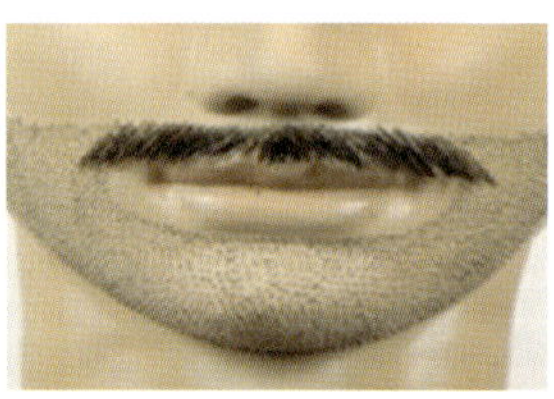	**Hollywood Style** **(할리우드 스타일)** 깔끔하게 콧수염만 기르는 스타일(일자 수염)
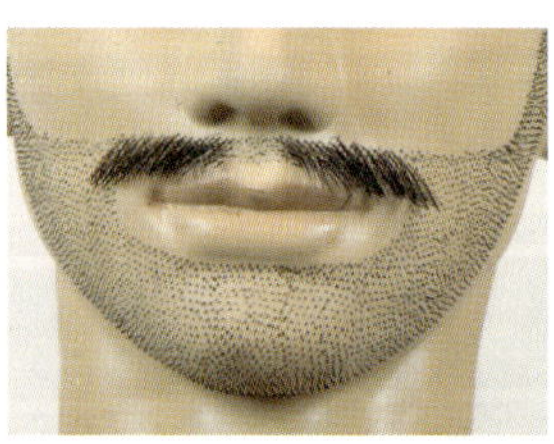	**Hollywood Style** **(할리우드 스타일)** 양쪽 콧수염만 기르는 스타일(팔자 수염)
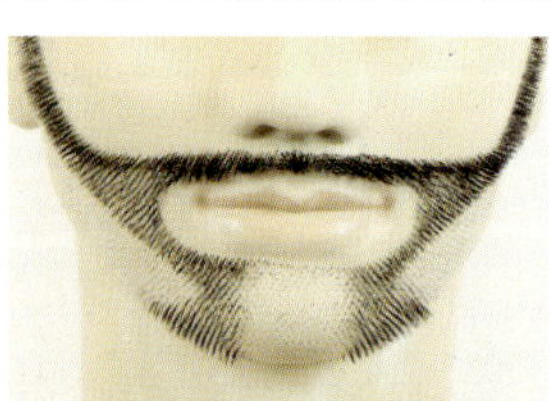	**Chin curtain+hipster** **(친 커튼+힙스터 변형 스타일)**
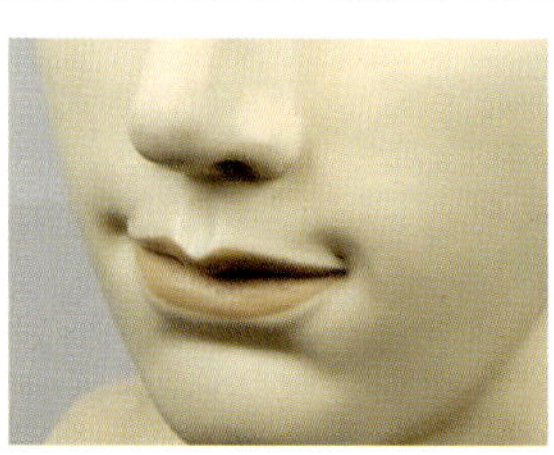	**Clean Shaven** 말끔히 면도한 스타일

1. 롱 수염 다듬기

수염을 빗으로 빗어서
정리한다.

가위로 단정하게 다듬어준다.

목에 상처가 나지 않게 가위를
고정 후 정리한다.

가위로 커트 시 좌우 대칭을 맞춘다.

2. 콧 수염 정리

가위정날 등이 윗입술을 스치듯 진행한다.

수염 커트 시 가위각도는 최소로 한다.

가위 운행 시 코끝에 상처가 나지 않도록 주의한다.

좌우 대칭이 되도록 주의한다.

3. 미들 수염 다듬기

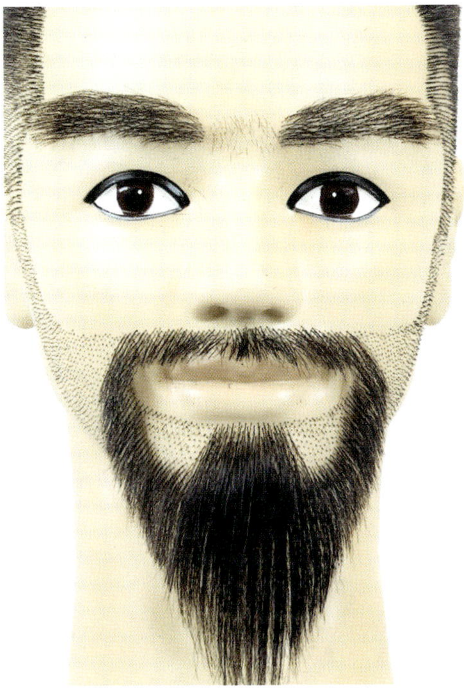

브이(V)자형 수염

사각(ㅁ)형 수염

4. 미니 클리퍼 수염 다듬기

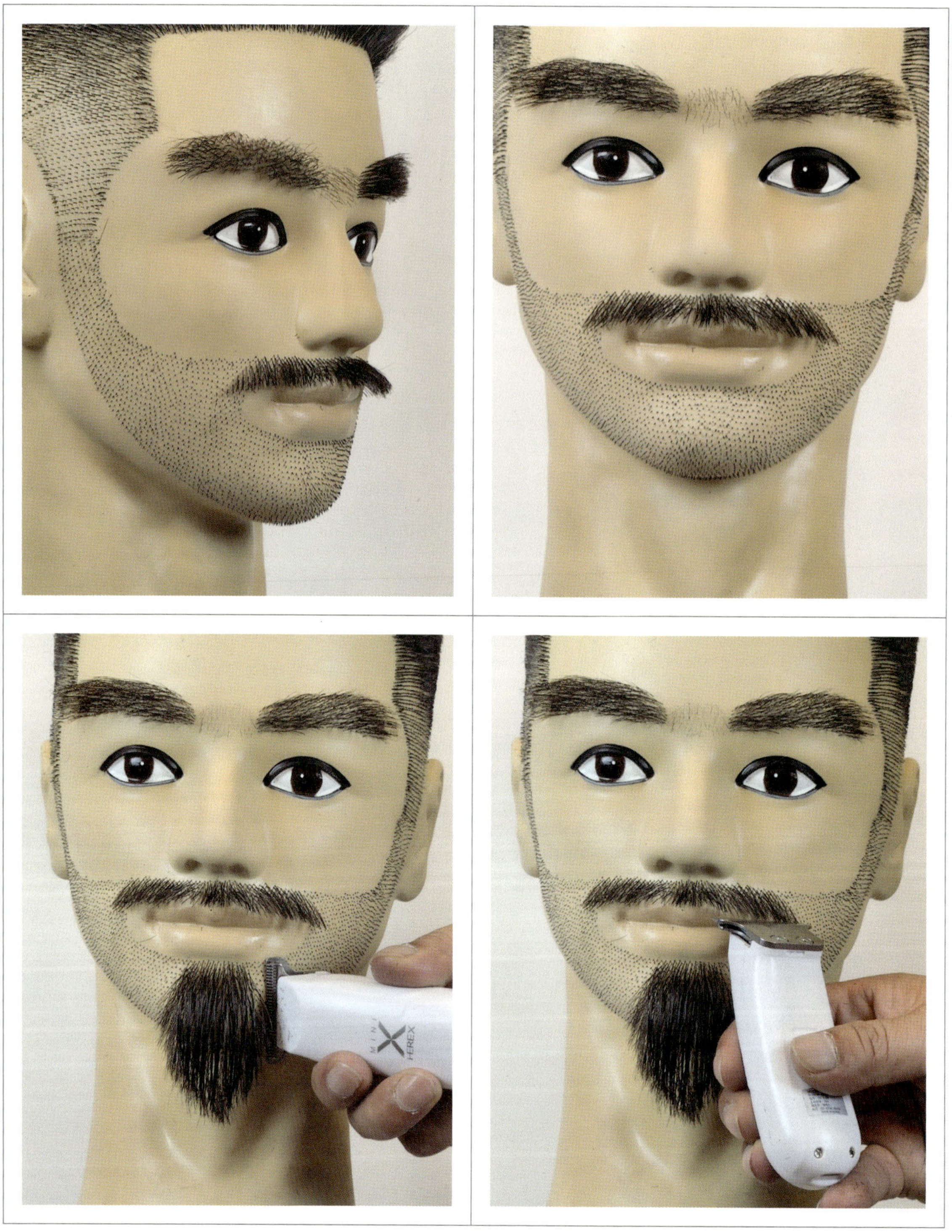

5. 수염 조각

6. 면도기 잡는 방법

동 작	명 칭	방 법
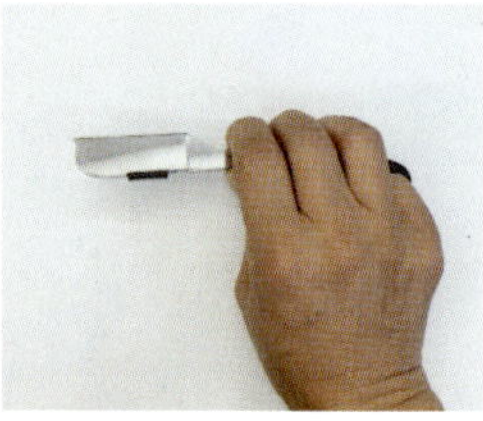	**Push hand (푸시 핸드)**	날 부분을 바깥쪽 방향으로 돌려 면도기 몸체를 밀어주는 방법
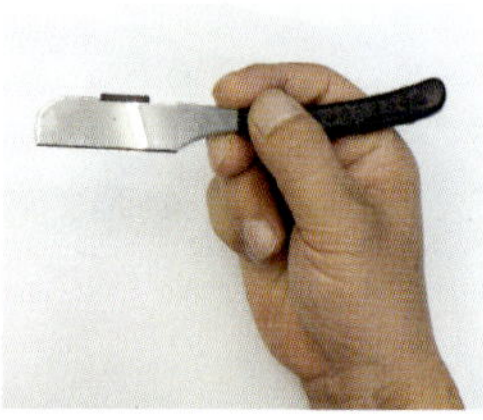	**Pencil hand (펜슬 핸드)**	연필을 잡듯이 칼 머리 부분을 아래 방향으로 잡는 방법
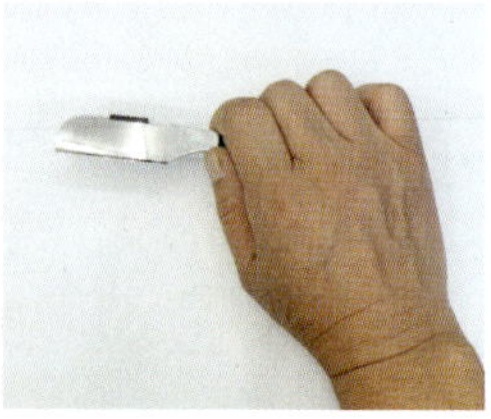	**Stick hand (스틱 핸드)**	손잡이를 잡고 몸체와 손이 일직선으로 움직이는 방법
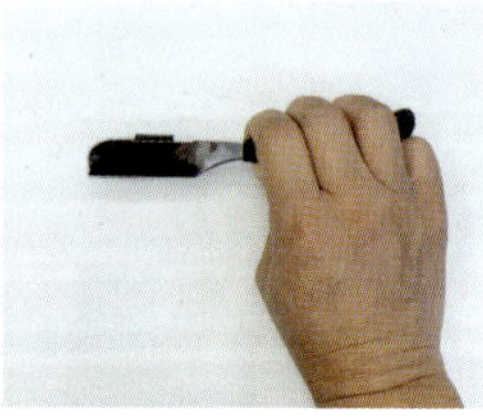	**Free hand (프리 핸드)**	손잡이를 엄지와 검지로 잡고 자루 끝부분을 약지와 소지 사이에 끼우는 방법
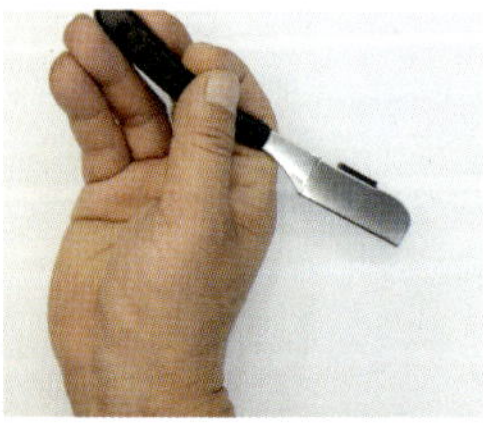	**Back hand (백 핸드)**	프리 핸드로 쥐고 면도날을 반대 방향으로 쥐는 방법

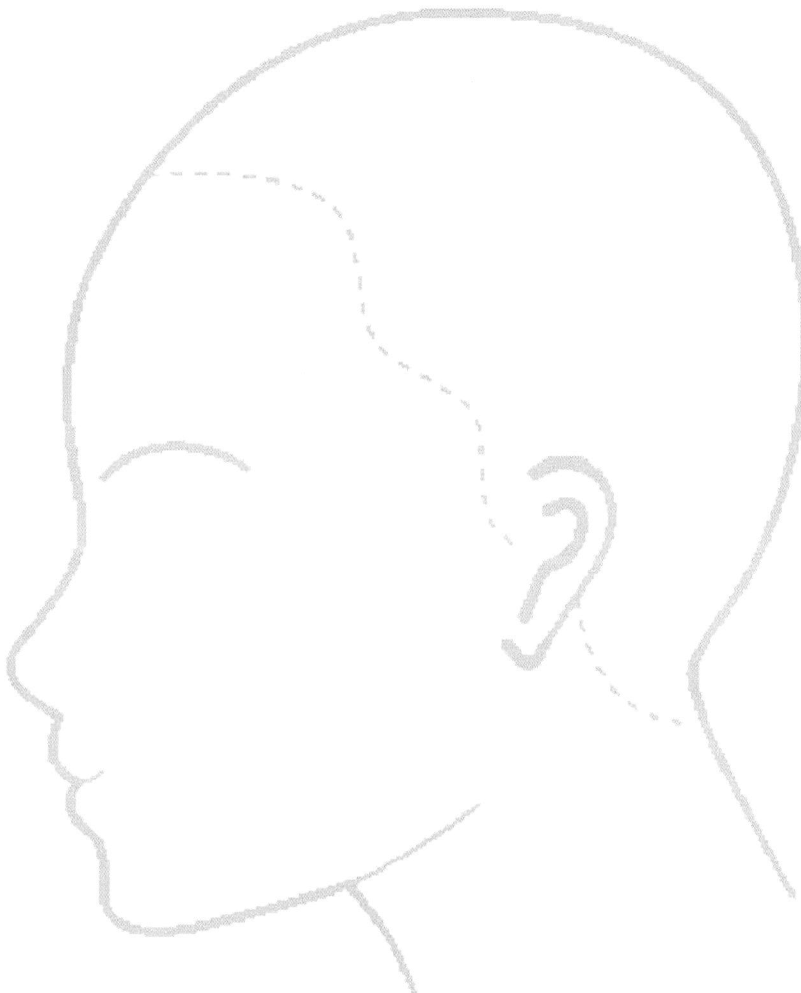

CHAPTER

11 PHOTO

작품사진

1. 브레이드 머리(Dreadlocks)

2. 변형 모이칸(Mohican)

3. 투블럭 스크래치(Tow Blck Scratch)

4. 변형 프레시브(Pressive)

5. 스크래치(Scratch)

미타히리

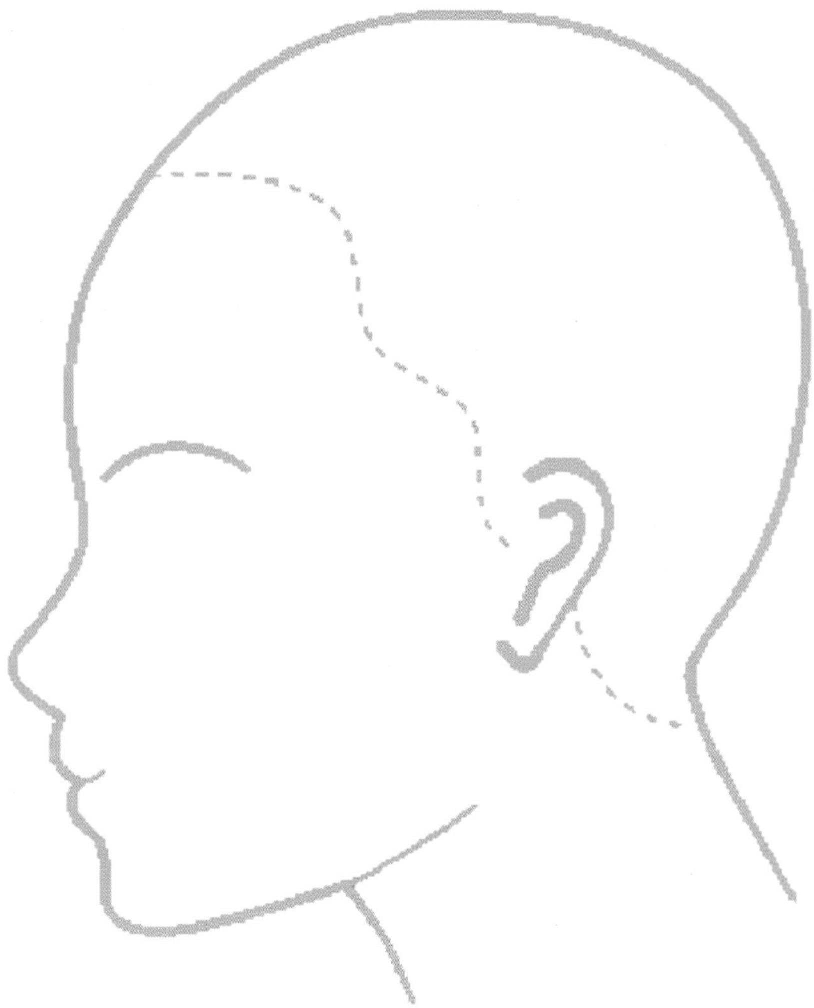

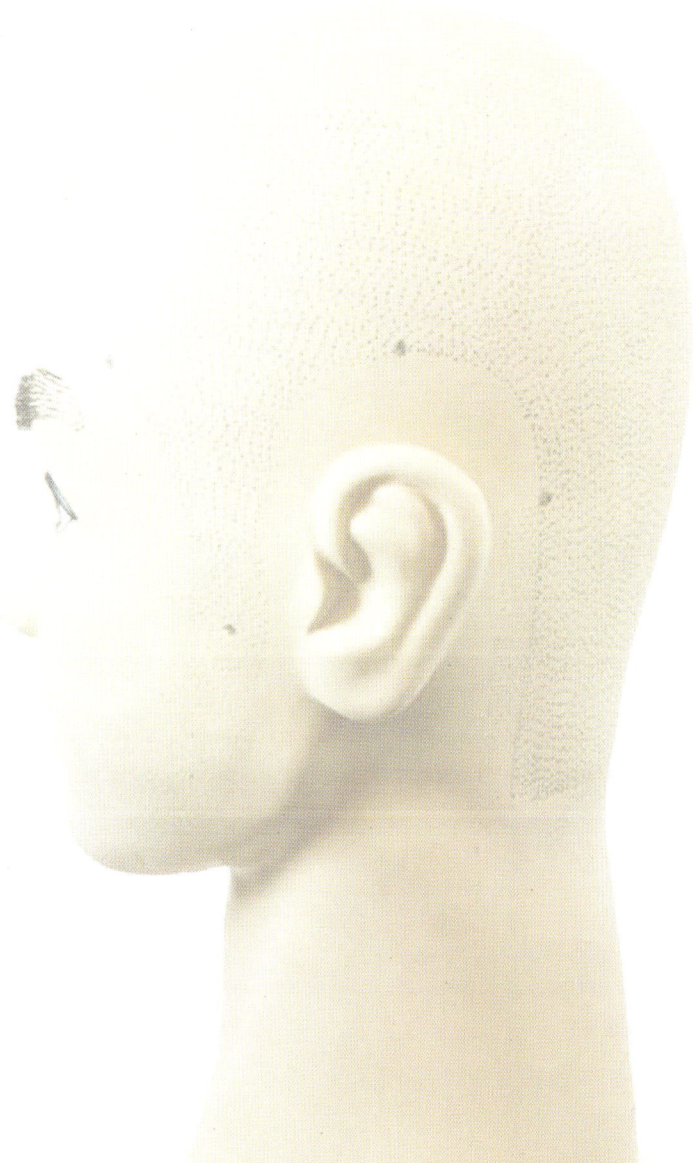

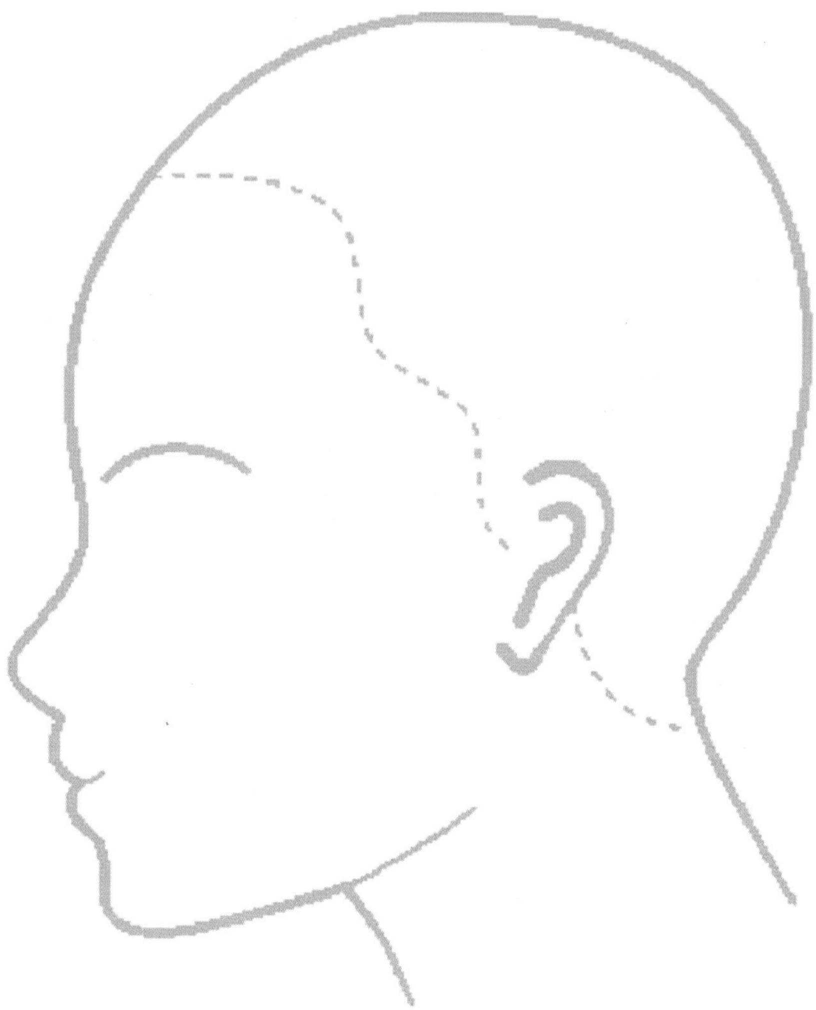

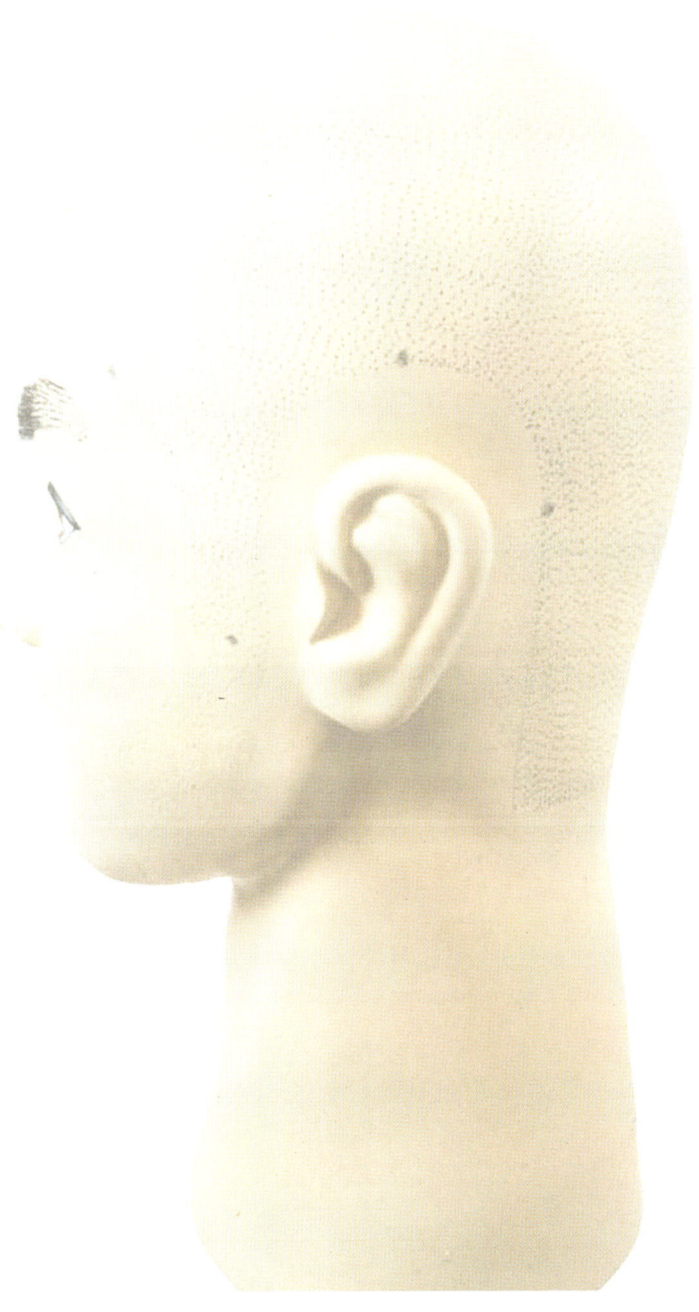

참고문헌

1. 심은홍(2020). 동신대학교 사회개발원 뷰티미용학과.

2. 진영모(2013). 서경대학교 미용예술학과 헤어전공.

3. 강대영(2012). 호서대학교 벤처전문대학원.

4. 서울역사박물관(2022). 현성문화인쇄사. 서울의 이용원 이용사.

5. 김영래 외(2023). 이용사 필기. 실기. 도서출판 구민사.

6. 김영래 외(2021). NCS 적용 이용장의 꿈. (사)이용장회.

7. Japan men's cut basic style bible. 미스터브라더스 컷 크럽.

네이버

네이버 어학사전

이미지 및 컷 디자인: 이세정

MEMO

MEMO

MEMO

MEMO